경북의 종가문화 32

# 대를 이은 문장과 절의, 울진 해월 황여일 종가

경북의 종가문화 32

대를 이은 문장과 절의,
울진 해월 황여일 종가

기획 | 경상북도 · 경북대학교 영남문화연구원
지은이 | 오용원
펴낸이 | 오정혜
펴낸곳 | 예문서원

편집 | 유미희
디자인 | 김세연
인쇄 및 제본 | 주) 상지사 P&B

초판 1쇄 | 2015년 2월 2일

주소 | 서울시 성북구 안암로 9길 13(안암동 4가) 4층
출판등록 | 1993년 1월 7일(제307-2010-51호)
전화 | 925-5914 / 팩스 | 929-2285
홈페이지 | http://www.yemoon.com
이메일 | yemoonsw@empas.com

ISBN 978-89-7646-331-9　04980
ISBN 978-89-7646-329-6　(전4권)
ⓒ 경상북도 2015 Printed in Seoul, Korea

값 20,000원

경북의 종가문화 32

# 대를 이은 문장과 절의,
# 울진 해월 황여일 종가

오용원 지음

예문서원

근래 우리 사회에는 지금껏 보기 드문 사회적 현상이 일고 있다. 인문학에 대한 관심과 열풍이 바로 그것이다. 참 고무적인 일이 아닐 수 없다. 이를 증명이라도 하듯, 각종 대중매체에서 이를 실감케 하는 다양한 현상이 일고 있다. 서점의 서가에 인문학 관련 서적의 판매량이 급증하고, TV에서는 여러 분야의 인문학 강좌가 개설되어 시청자들의 호기심을 자극하고 있다. 그리고 신문이나 정기간행물에서도 인문학 관련 칼럼이나 사설이 대세이다.

인문학은 인간에 대한 근원적인 문제를 따지거나 사상과 문화를 탐구하는 가장 원초적인 학문이다. 그렇다면 우리는 지난날 뒷전에 팽개쳐 두었던 인문학에 왜 이렇듯 관심을 갖는 걸까? 그 이유를 짚어 보자. 우리 사회는 지난 수십 년 동안 급속하게 발전하여 사회구조를 변화시켰다. 그런 발전과 변화의 동력은 다름 아닌 산업사회의 물질이 그것이다.

현대 산업사회는 인간의 삶을 편리하게 해 주었지만, 산업의 속성이 갖는 무한 경쟁으로 인해 인간 자체보다 물질을 우선으로 둘 수밖에 없었다. 이런 물질문명의 이기는 우리네 삶을 윤택하게 하고 편리하게 한 반면, 행복한 삶의 경지까지는 이르게 하지 못한 한계가 있었다. 그러다 보니 행복한 삶을 영위하기 위한 한 대안으로 찾았던 것이 바로 인문학이 아닐까 생각한다.

인문학 가운데 특히 일반 대중에게 주목을 받고 있는 분야가 바로 전통시대 우리 선조들의 삶과 사상, 그리고 그들이 남긴 문화원형들이다. 경상북도는 다른 시도에 비해 전통시대 문화가 많이 남아 있는 편이다. 특히 종가문화는 어떻게 시대적 변화에도 이렇듯 변화하지 않고 보존될 수 있었을까라고 의문이 들 만큼 귀감이 될 만한 정신문화이자 문화원형의 보고이다.

종가宗家에서의 '종'은 다양한 의미를 담고 있다. 우선 '마루'나 '우두머리'라는 뜻으로 쓰이기도 하고, 심지어 '사당祠堂'이라는 뜻도 있다. 일반적으로 마루는 지붕이나 산 따위의 꼭대기이다. 그래서 종가는 으뜸이 되는 집이라고 해석할 수 있고, 종손宗孫은 으뜸이 되는 집의 자손, 즉 맏자손이라는 의미가 되는

셈이다. 이런 면에서 종가에서의 종손은 중요한 구심체가 되는
셈이다.

지난 수백 년 동안 우리 사회에서 가장 변화하지 않고 잘 보
존된 공간이 바로 종가일 것이다. 물론 그곳에는 자신의 수학뿐
만이 아니라, 대동사회를 꿈꾸었던 아름다운 선현들의 정신문화
가 잠재해 있다. 아울러 그들이 남긴 다양한 문화원형도 그곳에
잘 보존되어 있는 편이다. 이는 세계 어딜 가도 접할 수 없는 우
리나라만의 고유한 문화유산이다.

지난 수 세기 동안 인류가 낳은 다양한 문화 중에 종가문화
만큼 인류의 보편적 가치를 유지하며 보존되어 온 문화유산이 있
을까라고 생각한다. 이런 면에서 한국의 종가문화는 유네스코
세계문화유산에 등재되는 데도 전혀 손색이 없을 것이다. 경상
북도에서는 오래 전부터 이러한 가치를 인식하고 종가연구, 종가
포럼, 종가 관련 스토리 도록제작 등을 통해 종가문화 보존사업
을 활발하게 진행하고 있다. 그렇게 되면 일반인들이 종가문화
를 향유할 수 있는 훌륭한 결과물이 나올 것이라 기대한다.

이 글에서는 영남의 대표적인 불천위 종가인 해월종가의 외
형과 종가를 구성하고 있었던 구성원들의 이모저모를 살펴보았
다. 어떤 문화이든 그저 이루어지는 법은 없다. 종가문화를 창조
하여 이를 발전시키고, 지금에 이르기까지 원형을 잘 보존하는
데는 해월가의 많은 구성원의 숨은 희생과 노력이 있었음을 확인

했다. 이런 종가문화의 중심에 선 이가 바로 종손이요 종부였고, 일족의 지손 역시 큰 몫을 했다.

해월가가 명가로서의 면모를 갖출 수 있게 한 이는 바로 해월 황여일이다. 그리고 해월의 학문과 가풍을 계승하여 해월가를 영남의 대표 명가의 반열에 올린 이는 아들 동명 황중윤이다. 다시 말해 해월은 경제적으로 그리 넉넉하지 않은 평범한 반가에서 자수성가한 편이라면, 동명은 아버지가 만들어 놓은 가문의 배경과 대외 관계망 속에서 열심히 수학하여 선대의 위상을 계승하고 더욱더 발전시킬 수 있었다.

그런데 해월에 대한 기존 연구는 거의 이루지지 않았다. 이에 반해 동명에 대한 연구는 그가 창작한 한문소설을 주제로 박사학위논문 두 편과 수 편의 논문이 발표된 적이 있었다. 이번에 글을 쓰면서 기존 연구성과물에 힘입은 바가 크다. 특히 해월가에 묻혀 있던 자료를 세상에 드러내어 동명 문학 연구의 선구 역할을 했던 김동협 교수의 박사학위논문은 이 글을 쓰는 데 큰 도움이 되었다.

이 글을 쓰면서 여러 분의 협조를 받았다. 우선 질곡과 부침의 시대를 겪으며 해월가를 지켜 왔던 13대 종손 황의석 어른의 도움은 큰 힘이 되었다. 평소 자동차를 운전하지 않는 그는 버스를 타고 평해에서 안동까지 원행을 마다하지 않고 필자에게 자료를 갖다 주시곤 했다. 그리고 종부 이정숙 님의 편의 제공은 여러 모로 도움이 되었다. 항상 뵐 때마다 웃는 낯빛으로 대해 주신 두 어른이 늘 밝은 모습으로 만수해로萬壽偕老하며 종가를 잘 보존하시길 기원하고 싶다.

그리고 향후 이 책을 펼칠 때마다 영남문화연구원 종가문화연구팀의 정우락 교수, 백운용 연구원, 그리고 여러 팀원들이 생각날 것이다. 촉박한 일정에도 자료를 요청하면 늘 밝은 목소리로 대응해 주셨다. 연구팀 구성원들의 정성과 열의로 볼 때, 이 사업은 단발성 사업이 아니라, 반드시 오랫동안 지속적으로 이어져 경북 종가문화 연구에 한 획을 긋는 성과물이 될 것이다.

애초 내가 연구팀으로부터 이 글을 청탁받고 멈칫멈칫하며 쉽게 응하지 못했던 건, 해월가에 관심은 늘 갖고 있었지만 깊이 이해하지 못했기 때문이다. 나중에 용기를 내어 집필하기로 마음은 먹었지만, 막상 집필하려니 앞이 캄캄했다. 이제 내게 주어진 시간을 넘기면서까지 탈고는 했지만 두려움이 앞선다. 해월가에 대한 특별한 식견이 없는 내가 혹여 귀문貴門에 큰 누가 된 것은 아닐지 모르겠다. 해월가의 종손을 비롯해 여러 선각자들의 질책을 그저 바랄 뿐이다.

2014년 국월菊月
죽천재竹泉齋에서
오용원 쓰다

# 차례

# 제1장 울진 평해에 뿌리내린 해월종가

# 1. 기성군의 후예들, 평해황씨

　　7번 국도를 타고 동해의 검푸른 바다를 옆에 끼고 울진을 향해 올라가다 보면 평해읍 월송리에 이르게 된다. 그리고 국도의 왼쪽에 울창한 송림松林을 만나게 되는데, 누가 봐도 예사롭지 않은 소나무 군락지이다. 그 수령을 쉽게 가늠할 수는 없지만, 꽤 나이를 먹은 듯한 적송赤松과 해송海松이 뒤섞여 있어 보는 이로 하여금 감탄을 자아내게 한다.

　　빽빽한 송림 입구에 이르면, 소나무 숲과 어울려 곱게 단청한 대문을 마주하게 된다. 좌측과 우측에는 마치 대문을 받치고 있는 듯 입석 석물이 서 있다. 석물의 왼쪽에는 해서체로 '평해황씨대종회平海黃氏大宗會'가, 오른쪽에는 전서체로 '황씨시조제

단원黃氏始祖祭壇園'이 새겨져 있다. 대문을 열고 안으로 들어가면 울창한 소나무 숲과 아름답게 단청을 해 놓은 전통한옥 공법의 사당, 정자, 그리고 연못 등이 서로 어우러져 제단祭壇의 큰 정원 을 꾸미고 있다.

입구의 입석에 새겨져 있듯이 이곳은 황씨의 시조제단始祖祭 壇이 있는 매우 넓은 정원이다. 황씨시조제단원은 평해황씨대종 회에서 주로 관리한다. 그리고 매년 10월 초정일初丁日이면, 전국 에 흩어져 있는 여러 관향의 황씨 중 약 2,000여 명이 이곳에 모 여 시조 황락의 학덕을 기리는 제사를 지낸다. 이곳을 둘러보면

기성군 · 장수군 · 창원백의 제단

본관이 각각 다른 황씨의 연원을 어느 정도 이해할 수 있다.

　　평해황씨平海黃氏는 중국 후한後漢 때 황락黃洛을 시조로 한
다. 황락은 후한 때(28, 유리왕 5) 장군將軍으로서 구대림丘大林과 함
께 교지국交趾國(지금의 베트남)에 사신으로 다녀오다가 풍랑을 만
나 표류하여 평해에 안착하게 되었고, 지금의 월송굴산月松崛山에
터를 잡아 이곳에서 자손들이 세거하게 되었다. 그는 아들 3형제
가 있었는데, 이들 모두가 나라에 큰 공을 세워 봉작을 받았다.

　　맏아들 갑고甲古는 기성군箕城君(평해의 옛 이름)에, 둘째 아들
을고乙古는 장수군長水君에, 셋째 아들 병고丙古는 창원백昌原伯에

각각 봉해져 평해황씨 · 장수황씨 · 창원황씨 등 세 관향으로 나
누어지게 되었다. 결국 평해황씨는 맏아들 기성군의 후손이 되
는 셈이다.

그 이후, 평해황씨의 세계가 실전失傳되어 가계의 흐름을 정
확하게 파악할 수 없게 되었다. 그래서 고려 때 금오대장군金吾大
將軍 · 태자검교太子檢校를 지낸 황온인黃溫仁을 평해황씨 1세조로
하여 세계를 이어 오고 있다. 그리고 우정佑精, 유중裕中의 대를
이어 4세조에 이르러 황진의 검교공파檢校公派, 황서의 충절공파
忠節公派, 황용黃瑢의 충경공파忠敬公派 등으로 각각 나누어졌다.

<br>

| 평해황씨 해월공파 세계도 | | | | | |
|---|---|---|---|---|---|
| 1세 | 2세 | 3세 | 4세 | | |
| 온인溫仁 | 우정佑精 | 유중裕中 | 진璡 | … | 검교공파檢校公派 |
| | | | 서瑞 | … | 충절공파忠節公派 |
| | | | 용瑢 | … | 충경공파忠敬公派 |

## 충절공파忠節公派

| 4세 | 5세 | 6세 | 7세 | 8세 | 9세 | 10세 | 11세 | 12세 | 13세 | 14세 | 파 |
|---|---|---|---|---|---|---|---|---|---|---|---|
| 서<br>瑞 | 종량<br>宗亮 | 세영<br>世英 | 용기<br>龍起 | 유보<br>有甫 | 후<br>候 | 옥숭<br>玉崇 | 보곤<br>輔坤 | 우<br>瑀 | 응청<br>應淸 | | … 대해공파<br>大海公派 |
| | | | | | | | | | 응징<br>應澄 | 여일<br>汝一 | **해월공파<br>海月公派** |
| | | | | | | | | 찬<br>瓚 | 득시<br>得時 | | … 참봉공파<br>參奉公派 |
| | | | | | | | | 연<br>璉 | 응벽<br>應辟 | | … 벽계공파<br>碧溪公派 |
| | | | | | | | | | 응정<br>應挺 | | … 온계공파<br>溫溪公派 |
| | | | | 득중<br>得中 | 옥견<br>玉堅 | 세복<br>世福 | 영<br>瑛 | 중춘<br>仲春 | | | … 송현공파<br>松峴公派 |
| | | | 유보<br>有甫 | 후<br>厚 | 옥산<br>玉山 | | | | | | … 옥산공파<br>玉山公派 |
| | | | | | 옥강<br>玉崗 | | | | | | … 옥강공파<br>玉崗公派 |

## 해월공파海月公派

| 15세 | 16세 | 17세 | 18세 | 19세 | 20세 | 21세 | 22세 | 23세 | 24세 | 25세 | 26세 | 27세 |
|---|---|---|---|---|---|---|---|---|---|---|---|---|
| 중윤<br>中允 | 석래<br>石來 | 규<br>圭 | 세중<br>世重 | 상하<br>相夏 | 선<br>珗 | 치문<br>致文 | 면구<br>冕九 | 수<br>洙 | 태영<br>台英 | 병일<br>炳日 | 재호<br>載昊 | 의석<br>義錫 |

## 검교공파檢校公派

| 4세 | 5세 | 6세 | 7세 | 8세 | 9세 | |
|---|---|---|---|---|---|---|
| 진규璡 | 지정之挺 | 원로原老 | 근근瑾 | 유정有定 | 전전銓 … | 지평공파持平公派 |
| | | | | | 현현鉉 … | 대사성공파大司成公派 |
| | | | | | 정정鋌 … | 훈도공파訓道公派 |
| | | | | 규규珪 | … | 중랑장공파中郎將公派 |
| | | | | 현현珝 | … | 전서공파典書公派 |

## 충경공파忠敬公派

| 4세 | 5세 | 6세 | 7세 | 8세 | 9세 | |
|---|---|---|---|---|---|---|
| 용규璚 | 태백太白 | 우우祐 | 천록天祿 | 희석希碩 | 상상象 … | 부마공파駙馬公派 |
| | | | | | 린린麟 … | 판서공파判書公派 |
| | | | | | 난난鸞 … | 정랑공파正郎公派 |
| | | | | | 곡곡鵠 … | 부사공파副使公派 |
| | | | 천상天祥 | | … | 찬성공파贊成公派 |
| | | | 천복天福 | | … | 부사공파副使公派 |
| | | | 천계天繼 | | … | 감사공파監司公派 |

평해황씨는 황유중黃裕中의 둘째 아들 충절공忠節公 황서黃瑞에 이르러 명가로서의 면모를 갖추게 되는데, 그가 바로 해월가의 현조로 평해황씨 충절공파가 된다. 황서는 고려 충렬왕 당시 왕을 호종해 원나라에 세 차례나 다녀온 공로로 공신의 작록을 받고 관직이 첨의평리에 올랐으며 충절공忠節公이라는 시호를 받았다. 평해가 현에서 군으로 승격된 것도 그의 공로에 따른 것이다.

그의 아들 황종량은 벼슬이 호부전서戶部典書였고, 손자 황세영은 진사進士를 거쳐 예빈시동정禮賓寺同正을 지냈다. 황세영에게는 두 아들이 있었는데, 용기는 예빈정禮賓正을, 운기는 내자소윤內資少尹을 지냈다. 용기에게는 세 아들이 있었는데, 그중 유보는 중랑장中郎將을 지냈고, 유보의 아들 후는 예빈판관禮賓判官을 지냈다. 후의 아들 옥숭은 한성판윤漢城判尹을 지냈고, 그의 아들 보곤은 생원이었다. 보곤의 아들 황우는 성주목사星州牧使를 지냈다.

평해황씨는 선대의 관직이 대대로 이어진 편이지만, 특히 조선시대에 들어와서는 사회경제적 기반을 토대로 사족으로서의 위상을 갖추게 된다. 황우에게는 황응와, 황응청, 황응징 세 아들이 있었다. 황응청黃應淸(1524~1605)에 이르러 평해황씨의 학풍이 형성되기 시작하였다. 황응청의 자는 청지淸之, 호는 대해大海였다. 그는 성주목사를 지낸 아버지 황우黃瑀와 어머니 숙부인淑夫

人 사이에서 태어났다. 1552년에 사마시司馬試에 급제하였고 한 차례 별시에 응시한 적이 있었지만 더 이상 과거에 응시하지 않고 학문연구에만 전념하였다. 임란 후, 시세의 폐단을 진술하는 소를 올렸는데 선조宣祖가 이치에 맞는다고 여겨 진보현감을 제수하였다. 진보현감으로 있으면서 임란으로 피폐해진 민심을 수습하고 많은 공적을 남겼으나 2년도 채 못 되어 수령을 그만두고 고향으로 돌아와 평생을 학문에 정진하였다.

그는 월천月川 조목趙穆, 대암大菴 박성朴惺, 아계鵝溪 이산해李山海 등과 교류하면서 후진을 양성하였다. 특히 주목할 만한 것은 아계와의 일화이다. 당시 평해에 귀양 와 있던 아계가 대해의 덕행을 존경하여 그에게 "평일 공부는 어떻게 하십니까?"라고 물었다.

나는 학문에 종사하지 않고 그저 내 마음을 다스리는 데 있어서 동정動靜의 득실을 대강 얻었을 뿐이다. 그런데 닥치는 대로 흩어 없애 버려 더욱 내 자신이 공허하게 되니, 이는 정靜의 힘이 동動을 억제한 것이 어찌 아니겠는가.

이러한 그의 대답에 아계가 크게 감복하여 「정명촌기正明村記」를 지었다. 그 말미에 "대해의 말에 감복하고 시간이 지나 혹시 잊어버릴까 염려하여 그와 문답한 말을 기록하여 「정명촌기」

로 삼아 늘 살펴보면서 자성하고자 한다"라고 하며 자신을 경계하는 공부로 삼았다고 한다.

이렇듯 당시 대해에게 가까운 친지뿐만이 아니라, 영해·울진·평해 등에 살고 있던 많은 유생이 찾아와 수학하였다. 그의 문하에는 아들 거일居一을 비롯하여 조카 여일汝一, 그리고 재령 이씨 영해 문중을 부흥시켰던 운악雲嶽 이함李涵(1554~1644) 등 이름난 선비가 많이 배출되어 향풍이 크게 진작되었다.

조카 해월은 8세부터 대해의 문하에서 수학하였는데, 대해는 어린 조카의 뛰어난 재기를 보고 훗날 우리 가문을 일으킬 인물이라고 칭찬했다고 한다. 또 해월의 나이 8세 때 약봉 김극일이 평해 수령으로 있었는데, 때마침 그의 아우 귀봉 김수일이 이곳에 왔다가 해월의 재주를 보고 큰 재목이 될 것이라 극찬한 바가 있다. 훗날 해월이 귀봉의 사위가 된 것도 바로 이날의 인연이 아닐까 싶다.

황응징의 아들 황여일黃汝一 대에 이르러 해월가는 마침내 명문가로서의 기반을 확고하게 다질 수 있었다. 황여일은 어려서부터 학문에 뛰어나 많은 사람에게 칭찬을 받곤 했다. 대과에 급제한 이후, 환로에 나아가 중앙 정치에 참여하였다. 대암 박성, 월천 조목, 아계 이산해, 한강 정구, 학봉 김성일 등 당대의 거유들과 종유하며 평소 자신이 부족했던 학문을 토론하였다. 조정에 나아가 정치적 기반을 다짐으로써 기존 영남권 일원에 한정되었던 인적 관계망의 한계를 극복하고 중앙 정계에까지 확대할 수 있는 기반을 마련하게 되었다.

그리고 해월의 아들 황중윤黃中允 역시 대과大科에 급제하면서 조정에 나아가게 되었다. 그는 선대의 배경과 해월이 쌓은 가문의 입지, 그리고 자신의 학문적 역량을 한껏 발휘하여 가문의 위상을 더욱더 높였다. 물론 인조반정으로 인해 자신의 능력을 십분 발휘하지는 못한 편이다. 그는 불우한 삶의 부침에도 불구하고 탁월한 문학적 재능을 바탕으로 수 편의 한문소설을 창작하여 오늘날에 전하고 있다.

황여일을 불천위로 모시고 있는 해월가는 해월 당대뿐만 아니라, 후대에도 꾸준히 영남의 명가들과 관계를 이어 가며 학맥과 혼맥婚脈을 형성하였고, 근세에 이르기까지 명문가로서의 입지를 다져 왔다. 일제강점기에는 해월의 11세손 국오 황만영이 독립운동가로 활동하며 가산을 독립운동자금으로 희사하는 바람에 종가가 경제적으로 어려움에 처하기도 하였다. 하지만 선조들의 정신과 학문을 그대로 계승하여 영남 명가로서의 위상을 이어 왔다.

# 2. 해월종가, 사동 길지에 터잡다

　　해월종가는 울진군 평해읍 기성면箕城面 사동리沙銅里에 있다. 종가의 동쪽은 '사동거랑'을 끼고 동해와 접하고, 서쪽은 7번 국도 너머의 마악산馬岳山을 경계로 삼산리와 접해 있다. 그리고 남쪽은 '도지고개'를 경계로 척산리와 기성리와 접하며, 북쪽은 '흙리고개'와 '진불'을 경계로 망양리와 접해 있다. 울진군은 경상북도와 강원도의 경계 지역에 있으면서 두 도에 각 시대마다 편입을 반복하였다. 옛날 울진현蔚珍縣과 평해군平海郡이 합해져 지금의 울진군이 되었다. 울진현은 삼국시대 때 고구려의 우진야현于珍也縣 또는 어진군御珍郡, 고우이군古于伊郡이었다가 신라에 편입되었고, 통일신라 때(757, 경덕왕 16) 울진군으로 개칭되었다.

이후 고려시대 때(1018, 현종 9) 울진현으로 강등되었다가, 조선조에 이르러 울진현을 그대로 유지하게 되었다.

평해군은 고구려 때 근을어현斤乙於縣이었고, 757년에 평해현으로 개칭되어 유린군有隣郡(寧海)의 영현營縣이 되었다. 1018년에 예주禮州(寧海)의 속현으로 병합되었다가, 1172년(명종 2)에 감무를 둠으로써 독립했다. 충렬왕 때는 군으로 승격되어 조선시대에도 평해군을 유지했다. 평해의 별호는 기성箕城이었다.

이 두 지역은 지방제도 개편에 의해 군이 되어 1895년에 강릉부江陵府, 1896년에 강원도에 소속되었다. 1914년에 군면의 통폐합으로 평해군이 폐지되어 울진군에 합병되면서 경북에 편입되었다.

기성면은 동쪽으로 동해, 서쪽으로 온정면溫井面, 남쪽으로 평해읍平海邑, 북쪽으로 원남면遠南面에 접해 있다. 1172년(명종 2)에 비량현飛良縣을 기성현箕城縣으로 개칭하였는데, 이곳에 있는 산의 형세가 마치 키(箕)와 비슷하다고 해서 '기箕'자에다 '성城'자를 덧붙여 '기성箕城'으로 지명을 삼았다. 당시 기성의 지리적 환경은 아계 이산해가 지은 「기성풍토기箕城風土記」에 잘 나타나 있다.

기성의 땅이란 멀리 가 봤자 60리를 벗어나지 못하여 동쪽은 바다를 끼고 있고 서쪽, 남쪽, 북쪽은 높은 산들이 많다. 바닷가에는 모래와 돌이 많고 너른 평야라곤 없으며, 논과 밭이 산과 구릉 사이에 섞여 있으므로 부유한 사람일지라도 파종하여 겨우 대여섯 섬을 수확할 뿐이고, 가난한 사람들은 한 섬도 채 수확하지 못한다. 토질이 척박하여 곡식을 심기에 적합하지 않으니 분뇨를 거름으로 주지 않으면 양식을 하기도 어렵다. 따라서 집집마다 거처居處 가까운 곳에 뒷간을 지어 두는데, 이는 남들이 분뇨를 훔쳐 갈까 염려해서이다. 집들은 나무껍질로 지붕을 이었고, 뜰이 없어 낮에도 집 안에서 해를 볼 수 없으며, 누에치기를 좋아하지 않아 삼을 자아서 옷을 짓는데, 사람들은 존비尊卑를 막론하고 모두 시든 뽕잎 빛 누런 옷을 입는다. 물은 맑지도 차지도 않으며 독한 장기瘴氣가 항상 자욱이 피어올라 병이 들었다 하면 거의 일어나지 못하는 탓에 온 고을에 노인이 적다.

매양 동북풍이 불거나 바다가 울면 비가 그치지 않고, 겨울에는 눈이 내리지 않다가 봄이 된 뒤에 정강이가 묻힐 정도로 많은 눈이 내리므로, 겨울은 날씨가 춥지 않고 봄이 되어야 비로소 춥다. 무릇 한 달을 두고 볼 때, 비가 오지 않으면 바람이 불고, 바람이 불지 않으면 비가 오며, 바람도 불지 않고 비도 내리지 않으면 안개가 끼므로, 화창한 날은 겨우 4, 5일 뿐이다.

조선이 개국하면서 기성현을 다시 평해군平海郡으로 개칭하였고, 군의 소재지 역시 평해로 옮기게 되었다. 그러다가 1894년 (고종 31)에 원북면遠北面으로 개칭하였다. 1914년에 행정구역을 개편하면서 평해군과 울진군이 통합되어 울진군으로 될 때, 평해군의 근북면近北面 일부와 달북면達北面이 함께 울진군 기성면으로 개편되어 오늘에 이르게 되었다.

한편 '사동리'는 상사동上沙銅, 하사동下沙銅, 주담周潭 등 세 개의 마을로 형성되어 있다. 상사동은 '골댁터', '장밭골', '돌담마을'로 구분되며, 하사동은 사동거랑을 경계로 남쪽 마을을 '염전마', 북쪽 마을을 '장장골'이라 부른다. 예로부터 모래가 있는 부근에 금·은·동 등 광물질이 많다 하여 구전되어 이렇게 불리게 되었는데, '사릿골'·'사랫골'·'상사동上沙銅' 등으로도 불렸다. 이곳에는 여러 성씨들이 집성촌을 이루고 있는데, 평해황씨·전의이씨·안성이씨·김해김씨·순흥안씨·안동김씨·광주이씨·경주이씨·충주석씨 등이 세거하고 있다. 이 가운데 특히 평해황씨 해월공파가 세거하고 있는 이른바 '떡집'은 강릉 이남에서는 가장 좋은 길지라고 예부터 전해져 오고 있다.

사동의 지리적 형국은 아계 이산해가 「사동기沙銅記」에서 피력한 바 있다. 그는 1592년에 임진왜란이 발발하자 왕을 호종하여 개성에 이르렀다. 하지만 양사로부터 나라를 이 지경에 이르게 하고 왜적을 침입하도록 했다는 것으로 인해 탄핵을 받게 되었고, 결국 파면되어 평양平壤으로 유배를 가게 되었다. 다시 탄핵을 받아 평해平海로 유배를 가게 되었다. 물론 훗날 1595년에 복직되었고, 영상의 지위에까지 다시 오르긴 했다. 평해로 유배를 갔을 때 그의 나이는 54세였고, 이곳에서 3년을 보내게 되었다. 그에게 있어서 이 기간은 문학적으로 매우 의미 있는 시간이었다. 예를 들면 『아계유고鵝溪遺稿』에 수록되어 있는 한시의 작품 수가 약 850여 수인데, 이 중 약 500여 수가 이 시기에 창작한 것들이다. 그의 문집에 별도로 「기성록箕城錄」이라고 분류하여 실었는데, 죄인의 신분으로 산수를 주유하며 자신의 감회를 창작한 「달촌기達村記」, 「월송정기越松亭記」, 「응암기鷹巖記」 등의 기문이 있다. 그 중 하나가 바로 「사동기沙銅記」이다. 기문이 그리 긴 편은 아니다. 하지만 그는 지리에 해박한 자신의 안목으로 사농의 풍수지리적 특징을 잘 정리하였다.

내가 기성箕城으로 처음 귀양을 와서 망양정望洋亭을 지나 남쪽으로 6~7리쯤 갔는데 '사동沙銅'이라는 마을이 있었다. 그 산세를 보니, 줄지어 있는 모양이 기복이 심하여 마치 뛰는 듯하고 달리는 듯하였다. 마치 난새(鸞)와 봉황이 날개를 편 듯한 형국으로 둘러싸고 감싸 안아 한 마을이 형성된 것을 보고 마음속으로 기이하게 생각하였다. 산세가 굴곡하며 내려오는 상서로운 기운이 한곳에 뭉쳐진 기가 반드시 사물에 모이고, 또 기골이 장대하고 재주가 뛰어난 선비가 그 마을에 반드시 태어난 사실이 있을 것이라고 생각했다. 그 후에 한림원의 황학사 어른을 뵈었다. 머리는 백발인데 눈썹은 길고 화사한 빛이 얼굴에 가득하며, 가슴에는 화기和氣가 가득 차 있는 듯하였다. 그분에게는 훌륭한 자제가 있고 가문도 좋으리라 생각했다.

아계는 내자시정을 지낸 성암省庵 이지번李之蕃의 아들이며 토정土亭 이지함李之菡의 조카이다. 5세 때부터 숙부의 문하에서 수학하여 문장과 글씨로 이름이 높았다. 그는 당대에 두 번이나 영상을 지낼 정도로 학문이 뛰어났고, 정국政局을 이해하는 능력 또한 탁월했다. 비록 당시는 재상에서 파직된 백의白衣 신분이었다. 하지만 한때 영상을 지낸 이가 동해 벽지에 유배 왔으니, 당시로서는 근처 지식인들에게 관심의 대상이었을 것이다. 그리고 해월가와의 인연은 이전에 이미 있었다. 해월이 과거에 응시했을 때 아계가 과장科場의 시관이었고, 당시 해월의 시권試券을 보고 크게 감탄한 바가 있었다. 본격적으로 양문이 면대했던 것은 이때부터 비롯되었고, 후대에 이르기까지 양문이 서로 문자를 수수하기도 하였다.

그는 사동의 산세를 두루 관망하고서 이 마을에 반드시 기골이 장대하며 재주가 뛰어난 선비가 이미 태어났을 것이라고 봤다. 그 인물이 다름 아닌 황응징의 아들일 테고, 또한 가문 역시

정담탄강지비

향후에 창성할 것이라고 여겼다. 그가 이렇게 생각한 데는 특이한 지리적 형국이 있었을 것이다. 그것은 사동이 마치 난새(鸞)와 봉황이 날개를 편 듯 둘러 감싸 안은 형국(如鸞翔鳳翥 環拱回抱)이라는 점이었다. 향후 해월가의 앞날을 예언이라도 하듯이 길지의 형국을 갖춘 마을이라고 표현했다.

　이곳에 처음 터를 잡아 살기 시작한 이는 바로 세종 때 정선

군수旌善郡守를 지낸 권조權組이다. 당시만 해도 서류부가혼婿留婦家婚이 남아 있어서 권조는 홍천군수洪川郡守를 재임하고 있던 자신의 사위 송곡松谷 이명유李命裕에게 이 집을 물려주었다. 이후 송곡은 1519년에 기묘사화己卯士禍가 일어나자 벼슬을 버리고 이곳에 내려와 후학을 양성하였다. 송곡은 다시 그 집을 사위 정창국鄭昌國에게 물려주었고, 정창국은 다시 자신의 사위 황응징에게 물려주었다. 정창국은 정담鄭湛(1548~1592)의 아버지이다. 정담은 사동리에서 태어났다. 열 살 때 아버지가 돌아가시자 황응징의 문하에서 수학했고, 임진왜란 때 전라도 김제군수로 재직하면서 웅치를 방어하다 장렬히 전사한 무인武人이다. 황응징은 딸이 없었기 때문에 자신의 외아들 황여일에게 이 집을 물려주게 되었다. 이후 해월가에서 그대로 세거하여 오늘날에까지 이르게 되었다.

# 제2장 해월과 그 후손들

# 1. 황여일, 가문의 문풍을 세우다

## 수학기

　울진 평해에 터전을 잡아 뿌리를 내린 평해황씨 해월가는 이미 고려시대부터 향촌사회에서 문중의 위상을 정립하고 있었다. 조선조에 이르러 그들의 활동과 교유는 향중에 머무르지 않고 차츰 폭이 넓어졌다. 환로에 나아가는 이가 있었고, 대외적으로도 당대의 저명한 이들과 교유하며 문중의 입지를 굳혀 나갔다. 특히 아계 이산해가 「사동기沙銅記」에서 가문을 일으킬 큰 인물이 태어날 것이라고 예언했던 것처럼 해월의 대에 이르러 마침내 한 시대를 풍미할 수 있는 인물이 태어났다. 그가 바로 가문을 명가

名家의 반열에 오르게 했던 황여일黃汝一(1556~1622)이다.

그의 자는 회원會元, 호는 하담霞潭·해월海月·매월梅月이며, 만년에는 '만귀晚歸'로 자호를 삼았다. 그는 1556년 10월에 아버지 판결사 창주滄洲 황응징黃應澄과 어머니 영덕정씨盈德鄭氏 사이에 맏아들로 태어났다. 평해황씨 해월공파가 현 종가가 있는 사동리로 처음 입향한 것은 창주공 때이다. 창주는 선대로부터 정명리正明里에 거주하였으나, 사동리에 살고 있던 영덕정씨 사직司直 정창국鄭昌國의 따님과 혼인하면서부터 이곳에 터를 잡고 살게 되었다.

해월은 8세 때 정명리에 살던 중부仲父 대해大海 황응청黃應淸(1524~1605)에게 가서 수학하였다. 그는 어릴 때부터 향학에 대한 열정이 남달랐다. 당시 집이 가난하여 죽으로 끼니를 이을 정도였지만, 하루도 빠짐없이 집에서 약 10여 리 떨어진 곳에 위치한 숙부의 집을 출입하며 수학하였다. 그래서 대해는 아직 채 열 살도 안 된 어린 조카의 학문적 자질과 열의에 기뻐하였다고 한다. 대해는 월천月川 조목趙穆(1524~1605), 대암大庵 박성朴惺(1549~1606), 아계鵝溪 이산해李山海(1538~1609) 등과 교유하였다. 특히 훗날 아계가 평해로 귀양 왔을 때도 자주 이곳을 왕래하며 그와 학문을 토론하곤 했는데, 매번 대해의 학문에 탄복하였다고 한다.

해월에게 있어서 대해는 매우 특별한 존재였다. 왜냐하면 혈연으로는 숙부이지만, 학문적으로는 문리를 깨우치게 했고 세상을 바라볼 수 있는 안목을 갖게 해 준 은사였기 때문이다. 그래서 훗날 환로에 나아가서 조정에 있으면서도 늘 숙부의 동정을 살폈고, 휴가나 근친覲親을 나왔을 때도 꼭 찾아뵙고 존모尊慕의 마음을 실천했다.

14세(1569) 봄에는 간성杆城 향시鄕試에 응시하여 진사시進士試에 1등을 하였다. 그는 간성으로 가는 길에 삼척의 죽서루竹西樓에 올라 시 한 수를 지어 자신의 감회를 토로하였다.

| 어젯밤 은하수 신선 쪽배 내렸는데, | 銀河昨夜下靈槎 |
| 삼척 땅 취한 객 흥이 절로 나는구려. | 醉入眞珠興漸多 |
| 홀로 죽서루에 올라 아무도 없는데, | 獨上竹樓人不見 |
| 옥피리 길게 불며 능파를 향한다네. | 還吹玉篴向凌波 |

당시에 강릉부사江陵府使로 있던 봉래蓬萊 양사언楊士彦(1517~1584)이 시를 보고 깜짝 놀라 해월을 관아로 불러 칭찬하였다고 한다.

16세(1571)에는 강릉에서 시행한 하과夏科에 응시하러 갔다. 그런데 과장科場에 들어가니 시험을 주관하는 이가 이번 시험에는 어른(冠者)만 응시할 수 있고 어린아이(童者)는 응시할 수 없다고 하자, 그는 과거시험이란 글을 가지고 인재를 뽑는 것인데 어째서 관동을 구분할 수 있느냐고 따졌다. 이에 시관이 '백로가

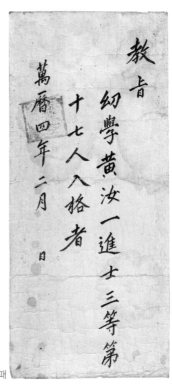

教旨

幼學黃汝一進士三等第
十七人入格者

萬曆四年二月
日

황여일의 진사 백패

고기를 물고 고사로 드네'(白鷺唧魚入古寺)라는 시제를 주며 정해
진 시간에 맞춰 시를 짓게 했다. 해월이 곧장 붓을 잡고서 "물방
울이 물시계에서 반쯤 떨어지고, 아직 땅에 닿지 못하였네"라고
하였다. 시관이 이 시를 보고 깜짝 놀라며 많은 응시자 가운데 해
월만 뽑았다고 한다. 진사 3등 17인으로 합격하였다. 그해 곧바
로 수진사修進寺로 가서 3년 동안 한 번도 절에서 나오지 않고 열

심히 수학하였다. 훗날 오산五山 차천로車天輅(1556~1615)는 당시 해월이 『시전詩傳』을 입에서 줄줄 외우고 있었다고 회상했다.

20세(1575) 5월에 귀봉龜峰 김수일金守一(1528~1583)의 딸과 혼인하였다. 그해 가을에 향시鄕試에서 장원을 하였고, 그 이듬해 2월에 진사進士 복시覆試에 합격하였다. 그리고 21세(1577)에 마침내 성균관에 입학하였는데, 시문이 매우 출중하여 성균관에서도 이미 당시 함께 수학하던 오산 차천로 · 백호白湖 임제林悌(1549~1587) 등과 함께 그의 명성이 자자했다.

22세(1577)에 성균관에 입학하여 백호 임제와 오산 차천로 등과 교유하며 쌍벽을 이루었다고 한다. 이후 학봉鶴峰을 비롯하여 인재認齋 최현崔晛(1563~1640), 간재艮齋 이덕홍李德弘(1541~1596), 성재惺齋 금난수琴蘭秀(1530~1604), 설월당雪月堂 김부륜金富倫(1531~1598), 약포藥圃 정탁鄭琢(1526~1605), 우복愚伏 정경세鄭經世(1563~1633) 등과 만나 학문을 토론하곤 했다.

유년기에 해월의 학문 수학에는 크게 두 가지 특징이 있다. 우선 30세에 대과에 급제하기 전 초년까지는 숙부 대해에게 가서 공부한 것 외에 다른 스승을 찾아가서 특별히 배운 적이 없다는 점이다. 훗날 그는 자신이 퇴계선생의 문하에 입문하여 학문하지 못한 것을 평생의 한으로 느꼈을 정도로 퇴계에 대한 존모가 남달랐다. 그래서인지 퇴계의 문집 간행에 직접 참여하기도 했고, 목판 간행에 필요한 비용 등의 물질적 지원도 아끼지 않았다.

또한 기회가 닿을 때마다 퇴계 문인이었던 학봉 김성일, 약포 정탁, 월천 조목 등을 직접 찾아가 뵙고, 그들과 경서류를 토론하기도 하였다.

두 번째는 주로 조용한 사찰을 찾아가 일족이나 가까운 벗들과 함께 학문의 자기완성을 위해 노력하였다는 점이다. 그는 17세 때 수진사修進寺에서 『시전詩傳』을 공부하면서 3년 동안 한 번도 절 밖으로 나온 적이 없었다고 할 정도로 수학에 대한 집착이 대단했다. 25세에는 안동에 있는 선찰사仙刹寺에 가서 이의술李義述·김시원金始源 등과 공부하였고, 26세에는 종제 호곡虎谷 황유일黃有一과 함께 백암사白巖寺에 가서 공부하였다. 28세에는 안동 광흥사廣興寺에서 공부하였고, 30세 정월에는 종형 황윤일黃允一·장호문張好文 등과 함께 수진사修進寺에서 공부하였다.

### 환로에 나아가다

황여일은 30세(1585) 10월에 드디어 입신양명의 꿈을 이루게 되는데, 별시別試 을과乙科에 응시하여 제일인第一人으로 급제하였다. 해월의 대과 급제는 본인뿐만 아니라, 가문 차원에서도 큰 전기를 마련한 셈이다. 당시 이미 중부 대해를 중심으로 안동을 비롯한 영남지역 인물들과 학연이나 혼반 등을 통하여 인적 관계망을 형성하고 있었지만, 어쨌든 그의 대과 급제와 중앙 진출은

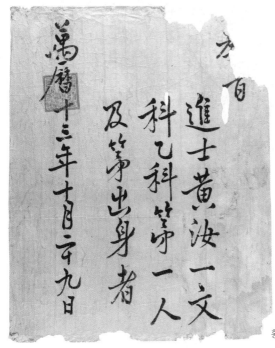

진사황여일문(進士黃汝一文)
과을과등제일인(科乙科等第一人)
급제출신자(及第出身者)
만력십삼년십월이십구일(萬曆十三年十月二十九日)

황여일의 대과 홍패

가문의 위상이 폭넓게 확대될 수 있는 계기가 되었다. 몽은夢隱
최철견崔鐵堅(1548~1618)은 과거에 급제하여 고향으로 떠나는 해월
을 송별하며 그의 문장을 높이 평가하였다.

| | |
|---|---|
| 가슴엔 우뚝한 산기운 차 있고, | 胸呑喬嶽巖巖氣 |
| 시법은 봄 하늘에 구름 피어오르는 듯. | 筆落春空藹藹雲 |
| 이 땅에서 다시 천인책을 보았으니, | 青丘又見天人策 |

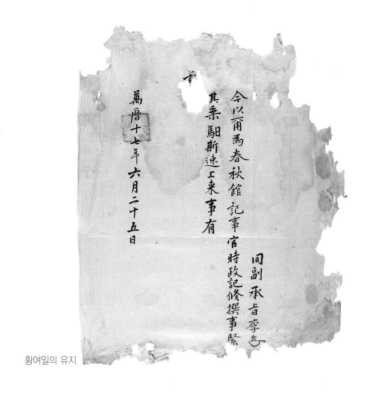

萬曆十七年六月二十五日

其乗馹斯速上来事有

今以甫爲春秋館記事官時政記修撰事緊

同副承旨李

황여일의 유지

오늘부터 강원도에도 큰 문장 있네.　　　　自是江都冠漢文

　　몽은은 해월보다 8살 연상으로 해월과 함께 대과에 응시하
였고, 갑과甲科에서 장원급제를 하였다. 그는 관직에 나아간 지
얼마 되지 않은 1591년에 동지사冬至使의 서장관書狀官에 차출되
어 명나라 사신으로 갈 정도로 문장이 뛰어났다. 그렇게 뛰어났
던 몽은마저도 해월의 위인爲人과 문재文才를 높이 평가했으니,

당시 해월의 학문 정도가 어느 정도인지를 엿볼 수 있는 좋은 단초가 된다.

황여일은 대과에 급제한 후 평해로 돌아온 지 얼마 되지 않아 곧바로 예문관검열 겸 춘추관기사관에 발탁되었다. 그리고 집을 떠나면서 종제從弟 혼원渾元과 경원景元을 불러 한 수의 시를 지어서 환로宦路에 나아가는 자신의 심정을 토로했다.

| | |
|---|---|
| 만 리 푸른 바다 백구의 몸으로, | 滄波萬里白鷗身 |
| 우연히 인간의 추잡한 세계에 들어가네. | 偶落人間滿目塵 |

보잘 것 없었던 자신의 처지를 인식하고, 향후 환로가 어떤 세계인지를 나름대로 경계하는 의미를 담고 있다. 다시 말해 그는 지금껏 바닷가에서 평범한 선비로 살았지만, 이제 온갖 정치적 음모와 술수가 난무하는 환로에 나가서 본래의 모습을 잊지 않겠다는 자신의 의지를 은연중에 보이고 있다.

그 이듬해 정월에 휴가를 얻어 부모를 찾아뵙고, 백담 구봉령·일휴 금응협·근시재 김해 등과 함께 은행단銀杏壇을 구경하였다. 그리고 처남인 운천雲川 김용金涌(1557~1620)과 함께 안동 선성宣城으로 들어가 퇴계선생의 유고遺稿를 수집修輯하였다. 해월의 문집을 보면, 그는 퇴계의 문하에 입문하지 못한 것을 평생의 통한으로 여긴다는 아쉬움을 번번이 토로하곤 했다. 물론 그가 퇴문退門에 직접 집지하지 못한 것은 자신의 의지와는 상관이 없었다. 퇴계가 계상서당과 도산서당에서 주로 강학했던 시기에는 그가 입문하기에 나이가 너무 어렸고, 장성한 무렵에는 이미 퇴계가 고인이 된 후였기 때문이다.

하지만 그는 처남인 운천과 함께 선성으로 들어가 퇴계의 유고를 수집修輯하는 데 직접 참여하였다. 퇴계의 문집 제작은 퇴계 사후인 1571년부터 이미 그의 고제인 월천 조목을 중심으로 역동서원에서 시작되었다. 그리고 류성룡의 요청으로 1573년에는 선조宣祖가 『퇴계집退溪集』을 교서관에서 인출할 것을 명하였다. 그런데 1578년 퇴계의 손자 이안도李安道가 초고草稿를 가지고 서울로 갔지만, 여러 가지 사정으로 선조가 을람乙覽조차 하지 못하고 무산되어 버렸다.

그러다가 1584년부터 예안에서 다시 월천을 중심으로 원고의 부집裒集이 이루어졌고, 1586년에 마침내 어느 정도의 초본草本이 만들어졌다. 이때 해월 역시 선성으로 와서 『퇴계집』의 수집에 직접 참여하게 된다. 해월의 퇴계를 향한 흠모는 이뿐만이 아니다. 그는 이때 백운정사白雲精舍에 머물며 퇴계의 『주서절요朱書節要』를 강독하기도 했다. 그리고 훗날 44세(1600)에는 도산에 차려진 『퇴계집』 목판 간역소刊役所에서 감임監任의 소임을 맡았고, 아울러 물질적인 지원도 아끼지 않았다.

32세(1587) 9월에는 부정자副正字, 예문관시교, 춘추관기사관

「해월헌기」

등을 제수받아 조정에 나아갔고, 편전便殿에서 임금을 모시고 함
께 야강夜講을 하기도 하였다. 33세 4월에는 해월헌海月軒을 건립
하였다. 해월은 평생 동안 몇몇 곳에 건조물을 건립하였지만, 해
월헌은 해월에게, 그리고 당시뿐만 아니라 후대에게도 특별한 의
미를 갖는 건조물이다. 아계 이산해를 비롯하여 약포 정탁 등이
이곳에서 차운시次韻詩를 지었다.

특히 약포는 시를 짓고 난 후에 서序에서 편액을 '해월海月'

이라고 칭한 의미를, "주인이 '해월海月'로 집의 편액을 한 것이 어찌 의미가 없겠는가? 주인의 국량은 바다와 같이 넓고, 마음은 달의 차고 기우는 것을 헤아릴 수 있다. 이 집에서 사물을 관조하다 보면 진덕수업進德修業의 밑천이 되지 않는 것이 없다"라고 해석하였다. 그리고 해월은 정자를 건립하자마자 직접 아계를 찾아가 기문을 청탁했다.

아계는 '해월海月', 즉 '바다와 달'이 갖는 속성과 그것에 좀 더 의미를 보태어 기문(「海月軒記」)을 지어 주었다.

"천하 만물 중 능히 본체를 잃지 않는 것이 드무니, 쇠보다 강
한 것이 없지만 녹이면 둥글거나 모난 것과 길거나 짧은 것을
손길 가는 대로 이룰 수 있고, 돌보다 굳은 것이 없지만 부수면
모래도 되고 가루도 되어 문드러진 채 바람에 흩날려 버리고
만다. 뿐만 아니라 높은 바위산과 묏부리도 무너져 내릴 때가
있고 깊은 하천과 강물도 터져 쏟아질 때가 있다. 그러나 유독
바다란 것만은 온갖 시내를 다 받아들이고도 넘치지 않고 미
려尾閭가 끊임없이 물을 삼키는데도 줄어들지 않으며, 눈처럼
흰 풍랑이 이리저리 미친 듯이 치달리고 교룡과 고래, 악어 등
이 물기둥을 내뿜으며 출몰하여도 결코 터지거나 깨어질 근심
이 없다. 그리고 달이 허공에 걸려 있음에 구름이 가리면 맑고
깨끗한 광채를 사람들이 볼 수 없지만 구름이 걷힌 다음 우러
러보면 그 밝은 빛은 여전하며, 차고 이우는 상사常事와 가리
우고 먹히는 변고가 천지가 있은 이래로 얼마나 많이 있어 왔
는지 모를 지경이지만 그 둥근 바퀴와 하얀 달빛은 오랠수록
더욱 새로우니, 군자가 달에서 취하는 점이 바로 여기에 있는
것이 아니겠는가.
사람의 마음이 허령虛靈하여 외물外物에 따라 쉽게 옮겨가니,
성색聲色과 취미臭味가 안에서 침식하고 분화紛華와 명리名利

가 밖에서 유혹하면, 잠깐 사이에 황홀히 만 가지로 변하곤 한다. 따라서 만약 이 마음을 붙잡음이 독실하지 못하고 지킴이 긴밀하지 못하면 마치 미친 물결과 사나운 말이 치닫는 것과 같아, 상실하지 않는다고 보장하기 어려울 것이다. 이런 까닭에 군자가 마음을 보존함에는 반드시 꾸준히 진작振作하고 정돈整頓하며 수렴收斂하고 함양涵養하여, 번잡하게 침노하는 외물로 하여금 자연히 고개를 숙이고 물러나 감히 덤벼들지 못하게 한다. 그렇게 한 뒤에야 이 방촌方寸의 심지心地가 밝고 환하여 마치 구름이 지나간 태허에 자취가 없고 먼지를 쓸고 난 거울에 티끌이 없는 것과 같이 된다.

그런데 사람이 이 세상에 살아감에는 응사應事가 무궁하고 수작酬酌이 다단하여 취한 꿈을 미처 깨기도 전에 오장의 고화膏火가 들볶아 댄다. 게다가 득실과 영고榮枯가 어지러이 많고 희비와 우락憂樂이 한둘이 아니라, 운우雲雨가 아침저녁으로 뒤집히고 풍파가 잠깐 사이에 일어나곤 하니, 이러한 가운데 부침하고 낭패를 당한 나머지 혹 전도착란하여 본심을 잃는 사람이 많다. 그러나 오직 군자는 그렇지 않아 혼탁한 시속時俗 가운데 섞이어도 심지心志는 더욱 고결하고 급박한 환난의 즈음에 처해서도 지조는 더욱 확고하여, 부귀에도 흔들리지 않고 빈천에도 옮겨지지 않으며 위무威武에도 굽히지 않는 것이 마치 바다가 그렇게 뒤집히는 거센 파도에도 차거나 준 적이 없고 달이 저렇게 차고 이울면서도 끝내 본체에는 결손缺損이 없는 것과 같다. 그렇다면 중인衆人들의 마음이란 곧 저 강과 하천, 바위산과 묏부리, 쇠와 돌 따위와 같은 것이며, 군자의 마음은 바로 광대하고 고명高明하여 길이 변치 않는 바다와 달인 것이다. 지금 그대가 이로써 헌軒의 이름을 삼았으니, 마음을 보존하는 도리를 얻음이 있는 것인가? 아니면 시속 가운데서도 변치 않는 것인가? 아니면 범속한 중인이 되고 말까 깊이 두려워하여 군자의 학문에 스스로 힘쓰는 것인가?

내가 상상하건대, 서늘한 가을 고요한 밤, 만뢰萬籟가 모두 잠들 즈음 바다가 잘 닦은 청동거울 같고 옥 바퀴의 달이 허공에 떠 있을 때, 헌軒에 기대어 굽어보고 우러러보면 천지사방은 씻은 듯이 맑고 환하여 그 사이에 한 점 찌꺼기도 끼어 있지 않아, 그 창연蒼然히 푸른빛과 교교히 밝은 빛이 모두 나의 가슴속에 들어올 터이니, 바다와 달(海月)에서 뜻을 취함이 매우 크지 않겠는가."

하니, 황군이 대답하기를,

"좋습니다. 헌軒의 기記는 여기서 더할 나위 없습니다"

하기에, 드디어 써서 그에게 주었다.


아계의 「해월헌기」는 해월헌을 이해하는 데 자못 시사하는 바가 크다. 아계는 뒤집히는 거센 파도에도 차거나 준 적이 없는 바다(海)에 군자의 마음을 비유하고, 항상 변화하는 강과 하천, 바위산과 묏부리, 쇠와 돌 따위에 일반적인 범부들의 마음을 비유하였다. 또한 달은 차고 이울면서도 끝내 본체에는 결손이 없다. 그래서 군자의 마음은 바로 광대하고 고명高明하여 길이 변치 않는 바다(海)와 달(月)인 것이다. 결국 시속의 혼탁함에도 범속한 중인이 되지 말며 군자의 학문에 항상 힘쓸 것을 권면했던 것이다.

해월헌을 건립한 후에 청강 이제신, 백사 이항복, 월사 이정구, 만전 홍가신, 지봉芝峯 이수광李晬光, 오창梧牕 박동량朴東亮, 상촌象村 신흠申欽, 다산 목대흠 등 당대의 명사들뿐만 아니라, 이름난 소인묵객들이 이곳을 출입하며 제영시를 남겼다.

34세(1589) 6월에 안동부사로 재직하고 있던 동강 김우옹을 안동 연정蓮亭으로 직접 찾아뵈었다. 며칠 후 6월 25일에 춘추관 기사관春秋館記事官에 제수되었다. 해월은 과거에 급제하여 조정에 들어간 30대 초반에 수차례 선정전宣政殿에 들어가 임금의 조강朝講과 야강夜講에 참여하였다. 당시 일본이 전쟁을 일으킬 조짐이 있었다. 어느 날 임금이 선정전에서 이일李鎰(1538~1601), 정언신鄭彦信(1527~1591), 신립申砬(1546~1592) 등의 무신들을 불러 군사에 관한 일을 논하였는데, 이 자리에도 해월이 함께 참석하였다.

그해 11월에 선무랑에 제수되었고, 당시 이진길李震吉이 역초逆招하자, 해월이 김해金垓, 유대정兪大禎 등과 함께 사초史草를

令以雷為藝文館李敏时政
准撰今際面左三字貼陶来
末辛為

左副承旨李霽

旨

萬曆十八年五月三十日

황여일의 유지

불에 태운 사건이 있었다. 이로 인해 사헌부에서 다음과 같은 상
소를 올렸다.

임금이 비록 역사편찬을 그에게 명하긴 했으나 정식으로 사령
장이 없는데도 불구하고 이진길의 사초를 불태운 것은 완전히
개인의 행동입니다. 역사에 관한 일을 그만두게 하소서.

이 일로 인해 해월과 김해가 함께 파직되었다. 이후 고향으로 돌아왔고, 잠시 임하臨河로 이사를 하였다. 그 이듬해 35세(1590)에는 일본으로 사신을 떠나는 학봉을 임하정臨河亭에서 배웅하면서 네 수의 시를 지어 송별하였다. 그리고 5월 30일에 예문관봉교奉敎를 제수받았는데, 지난해 사초의 사건으로 인해 파직되었던 직책까지 함께 제수받았다. 그리고 백호 임제가 지은 『원생몽유록元生夢遊錄』의 발문跋文을 지어 주었다. 백호는 해월보다 나이가 일곱 살이나 연장이었지만, 그와는 친한 벗처럼 매우 가깝게 지냈다. 하루는 해월이 백호의 집을 방문하게 되었는데, 백호가 글을 쓰고 있다가 해월을 보고 갑자기 쓰던 책을 덮었다. 이를 불쾌하게 느낀 해월이, "방금 쓰고 있던 글이 무엇이기에 우리 사이에 그것을 감춘단 말이오"라고 하니, 백호가 평소 해월의 강개한 성품을 잘 알고 있는 터라, 이에 쓰고 있던 글을 보여 주었다. 제목에 '원생몽유록'이라 적혀 있고, 왕위를 찬탈한 세조와 권력에 아부하는 정치의 비정함, 순절한 충신 등을 주제로 하는 내용이었다. 해월이 그 내용을 보고 비분강개하여 발문을 짓고, 한 수의 시를 지었다.

| | |
|---|---|
| 만고의 비장한 뜻으로, | 萬古悲凉意 |
| 한 마리 새 허공을 지나가네. | 長空一鳥過 |
| 차가운 연기 동작대를 가리고, | 寒烟鎖銅雀 |

| | |
|---|---|
| 가을 풀에 장화가 묻혀 있구나. | 秋草沒章華 |
| 요순보다 낫다고 경탄하고, | 咄咄唐虞遠 |
| 탕무와 같다고 야단들이네. | 紛紛湯武多 |
| 밝은 달 넓은 상수에 비치고, | 月明湘水潤 |
| 시름에 젖어 죽지가 듣고 있네. | 愁聽竹枝歌 |

　당시 세조의 왕위 찬탈과 절의를 지켰던 충신들의 역사적 사실에 대해 어느 누구도 쉽게 언급하거나 평가할 수 없는 때였다. 이런 현실에서 백호가 창작한 작품을 보고 그가 비분하며 발문을 지었다는 사실은 그의 절의에 찬 성품을 엿볼 수 있는 대목이다. 본래『원생몽유록』은 김시습金時習, 원호元昊 등이 지었다는 다양한 설이 있었지만,『해월집海月集』의 이 기록을 통해 백호의 작품인 것으로 확정하게 되었다.

　37세(1592) 정월에 선교랑宣教郎으로 사헌부감찰이 되었다. 3월에는 무관직인 진용교위進勇校尉를, 4월 3일에는 진용교위 호분위 부사과進勇校尉虎賁衛副司果를, 그리고 선교랑宣教郎으로 고산도찰방高山道察訪을, 9월 16일에는 선교랑수성균관전적에 제수되었다. 이해에 임진왜란이 일어나자 왕자를 호종하고 전란의 막하幕下에서 참모 역할을 하며 전장에 직접 참전하였다.

　38세(1593)에는 1월 7일에는 지난해에 세운 군공軍功으로 승의랑 형조정랑刑曹正郎에 제수되었다. 그리고 4월에는 학봉이 진

吏曹萬曆二十年
九月十六日奉
教宣教郎高山
道察訪黃汝一
為宣教郎守
成均館典籍
者
萬曆二十年九月　日

吏曹萬曆二十年
正月初吉奉
教承訓郎成均館典
籍黃汝一為承議郎
守刑曹正郎者
萬曆二十年　月　日

주산성에서 고인이 되었다는 소식을 듣게 된다. 그는 "왜군을 아직 몰아내지도 못했는데, 이 같은 충의의 신하를 잃는다는 것은 일월이 희미해지고, 교악이 무너지는 듯하다"고 하며 매우 슬퍼하였다.

39세가 되던 1594년 2월 5일에는 충의교위 용양위사직에, 그리고 얼마 후 통선랑 형조정랑에 제수되었다. 같은 해 8월 30일에는 통선랑 병조정랑 지제교 겸 춘추관기주관에 제수되었다. 9월에는 도원수 권율權慄의 종사관從事官이 되었다. 당시 권율이 조정에 장계를 올리기를, "변방의 보고가 급하고 원문轅門의 사정이 시시각각으로 변하고 있으니, 조화 있게 도와줄 사람으로는 문학과 재지를 겸비한 이가 아니면 감당하기 어렵습니다"라고 하였다. 결국 이러한 능력을 갖춘 인물이 해월이라고 판단하고, 이에 그를 차출하게 되었다.

그는 그 이듬해 5월 20일에 선략장군 행세자익위사사어宣略將軍行世子翊衛司司禦를, 겨울에 조산대부 성균관전적을 제수받았으나, 어버이의 병으로 사직소를 올리고 고향 평해에서 어버이를 봉양하였다. 12월에 다시 권율의 종사관에 차출되어 명나라 경리經理 양호楊鎬, 제독提督 마귀麻貴, 그리고 권율 등과 연합하여 울산 적진을 공략하는 데 참전하였다.

43세(1598) 10월 17일에 사헌부장령과 세자시강원필선을, 11월 2일에 선무랑 행예문관봉교 겸 춘추관기사관을 제수받았다.

通선랑 병조정랑 지제교 겸 춘추관기주관 교지

선무랑 행예문관봉교 겸 춘추관기사관 교지

吏書者

八月三十日奉

教通善郎兵曹正郎

知製教黃汝一爲通

善郎兵曹正郎知

製教兼春秋館記注

官者

萬曆二十二年九月　日

吏曹萬曆十七年十一月

初二日奉

教務功郎藝文館奉教

兼春秋館記事官黃

汝一爲宣務郎行藝文

館奉教兼春秋館記

事官者

萬曆十七年十二月　日

그리고 얼마 후에 진주사서장관陳奏使書狀官으로 명나라에 다녀왔다. 당시 명나라의 병부주사兵部主事 정응태丁應泰와 장군將軍 양호楊鎬의 알력으로 인해 정응태가 우리 조정에 앙심을 품고 명나라 천자에게 허위로 보고하는 바람에 천자가 오해를 하게 되자, 조선은 우의정 백사白沙 이항복李恒福(1556~1618)을 상사上使로, 월사月沙 이정구李廷龜(1564~1635)를 부사로 하는 대신급 사절단을 꾸려 급히 명나라로 갔다. 이때 서장관으로 사행을 떠나는 해월을 송별하는 자리에서 많은 송별시가 지어졌다. 월정月汀 윤근수尹根壽, 한음漢陰 이덕형李德馨, 서경西坰 류근柳根, 오봉五峯 이호민李好閔, 간이簡易 최립崔岦, 손곡蓀谷 이달李達, 오산五山 차천로車天輅 등 당대 수많은 문인들이 시를 지어 그를 전송했다.

| | |
|---|---|
| 문장으로 이름난 동해의 선비, | 左海文章士 |
| 그동안 제일류로 꼽혀 왔지요. | 從來第一流 |
| 문장은 나라를 빛낼 때에 소용되는데, | 惟聞華國用 |
| 임금의 수치 씻는 데에 쓰일 줄이야. | 詎見雪君羞 |
| 삼공이 어른 되신 막중한 사신 행차, | 大事三公長 |
| 만릿길 특별한 공을 거두고 오시리라. | 奇功萬里收 |
| 부끄럽네! 나는 자꾸 대리 역할만 행하면서, | 愧余頻代匭 |
| 머리에 온통 백발만 돋아나게 하였으니. | 贏得白渾頭 |

간이 최립이 지은 「장령掌令 황여일黃汝—에게 사례하면서 아울러 작별 인사를 하다」(謝奉黃掌令汝— 因以爲別)라는 송별시이다. 해월이 뛰어난 문장력으로 무사히 소임을 마치고 돌아오길 바라는 간이의 바람이 잘 표현되어 있다. 송별시를 남긴 인물의 그 일부를 앞서 열거했지만, 거명된 인물은 대부분 당대 최고의 소인騷人들이었다. 이런 인물망을 통해 당시 해월이 사귀었던 교유관계가 얼마나 폭넓었는지를 엿볼 수 있다.

46세(1601) 10월에 예천군수醴泉郡守를 제수받았다. 이때부터 그는 주로 외직에 부임하게 된다. 예천으로 가는 길에 단양군수

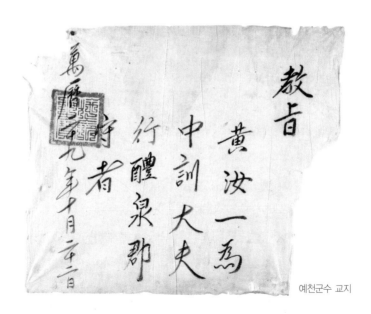

예천군수 교지

로 재직하고 있던 창석蒼石 이준李埈(1560~1635)을 찾아가 시를 지었다. 그 이듬해 봄에는 약포藥圃 정탁鄭琢(1526~1605)을 찾아뵙고 경의經義를 강론하였는데, 예천군수로 재직하고 있는 동안 수시로 약포를 찾아가 공부하였다. 약포와의 이러한 인연으로 47세 6월에 부인 김씨가 죽자 3년 후에 약포의 외손녀 이씨부인과 결혼하게 되었다. 또한 약포 사후에는 직접 제문을 지어 조문하였으며, 월천 조목을 찾아뵙고 상례를 논의하여 약포의 장례에 참여하였다. 뿐만 아니라 61세에는 약포의 행장行狀을 짓기도 했다.

49세 10월에 마침내 평해황씨 족보를 완성하게 된다. 이때 그는 손수 「평해황씨갑진세보서平海黃氏甲辰世譜序」를 지어 평해황씨의 위상과 자신의 감회를 기록하였다.

> 우리 평해황씨는 고려 초부터 대대로 문관과 무관에 재상의 자리를 바라볼 만한 명망 높은 분들이 많았다. 또한 이름난 재상과 높은 벼슬을 차지한 분들이 많았다. 조선에 이르러 역사에 반반斑斑함을 자랑할 만하다. 이것은 진실로 선조들의 심인후택의 쌓은 공이 아니었다면, 어찌 수백 년 동안 그 같은 찬연한 문벌로 가업을 이어 내려올 수 있었겠는가?……
> 종족의 보사譜史를 수집하고자 하였으나 질병이 잦고 이목이 넓지 못하여 숙부 웅청 어른께서 평소에 손수 기록하신 것을 토대로 하고, 평소 내가 다른 사람들과 교유하면서 보고 들은

것을 덧보태었다. 그리고 일가에서 사사로이 전하는 것도 참고하였다. 그 사이에 혹 자세하고 간략한 것과 혹 빠진 것을 쓰지 않은 것은 지난날 기록에 따른 것이다. 외손의 외파와 구친의 구족을 계속 기록한 것은 사족의 근원을 밝힌 것이요, 상민, 아전, 서자, 천민이 된 자에 이르기까지 모두 빠지 않은 것은 동종同宗을 중하게 여긴 것이다.

　　족보를 완성하는 데 있어서 해월은 중요한 역할을 했다. 그는 우선 숙부 황응청이 평소 손으로 기록해 둔 단자單子를 기초로 삼았고, 평상시 여러 사람들과 교유하면서 보고 들은 것을 추가로 덧보탰다. 그리고 일가一家들이 개인별로 전하는 것도 참고하여 완성하였다. 또한 같은 문중 구성원이면 상민, 아전, 서자, 천민 등에 구애됨이 없이 빠짐없이 기록하였다.

　　50세(1606) 정월에 자신의 문리文理를 터득하게 해 주었고 세상을 바라보는 혜안을 갖게 해 준 숙부 황응청이 세상을 떠났다. 아울러 3월에는 아들 동명이 생원 진사에 합격하였다. 그에게 희비喜悲가 교차하는 한 해였다.

| | |
|---|---|
| 벼슬길만을 다행으로 여기지 말고, | 勿以靑錢幸 |
| 글공부 게을리하지 말라. | 休忘黃卷工 |
| 대해 숙부 돌아가셨으니, | 蹉榮大海叔 |

돌아가심을 한스럽게 여기네.                              舍恨此天終

    맏아들 합격 소식과 숙부의 부고訃告 소식에 희비가 극명하
다. 물론 자신의 아들이 생원과 진사시에 모두 합격했으니 상당
히 기쁠 텐데, 기쁨을 토로하기보다 아들에게 글공부를 게을리하
지 말 것을 경계하였다. 그리고 숙부의 죽음을 슬퍼하였다. 4월
에 그는 호전산虎田山에서 숙부의 장례를 치렀다.

    51세(1606) 9월에 영천군수를 제수받고, 그 이듬해 임고서원
臨皐書院에서 포은 정몽주의 문집을 교정하였다. 원래 포은의 문
집이 있었으나 임란으로 문집이 모두 불에 타 버려 그나마 남아
있는 몇 질을 저본으로 삼아 향내 유림들과 함께 원고를 보충하

『포은선생문집』 목판

고 교정하여 3권 2책의 완질을 완성한 것이다. 막상 문집을 완성하고 나서 목판으로 간행하려고 하니 비용이 부족하게 되어, 당시 경상감사로 재직하던 류영순柳永詢에게 도움을 청했다. 감사의 도움으로 경주부에서 간행 경비의 반을 부담하여 목판으로 간행하게 되었다. 포은에 대한 해월의 존숭은 이뿐만이 아니었다. 그는 포은의 효자비각孝子碑閣을 중수하고 그곳에 기문을 지어서 게판하기도 하였다.

57세(1613)에 창원부사昌原府使를 제수받았다. 당시 창원부에 거주하는 당나라 상인들이 노상에서 빈번히 강도를 당하거나 심지어 살해되는 사건이 있었다. 해월이 이 사건을 수사하여 범인을 체포하였다. 이에 당나라 상인들이 그를 칭송하였고, 훗날 해월이 하세한 후에는 대구에서 평해까지 직접 그들이 문상問喪을 왔다고 한다. 이해는 당시 36세였던 아들 동명이 9월에 별시別試에 급제하는 매우 의미 있는 해였다. 그리고 그 이듬해 봄에 창원부사를 그만두고 집으로 돌아왔다. 그 이후에 고향에 대한 그리움과 귀거래하여 은거하고자 하는 많은 작품을 남겼다.

60세 4월에 동래부사東萊府使를 제수받았다. 동래부사로 재직하면서 백성들의 주거 문제와 교육에 각별한 관심을 가지고 자신의 녹봉을 쪼개어 나누어 주기도 하였다. 그런데 해월이 62세가 되던 1617년(광해군 9), 국모國母를 폐위하는 희대의 반인륜적인 사건이 일어나게 된다. 이에 조정의 원로대신들이 강력하게 그

부당함을 간하였고, 결국 광해군의 진노로 백사 이항복을 비롯하여 지난날 희로애락을 같이했던 많은 동료들이 귀양길에 오르게 되었다. 그는 이러한 정국을 한탄하며 감홍시를 남겼다. 사실 이 사건으로 인한 백사의 위리안치圍籬安置는 해월에게 큰 충격이 아닐 수 없었다. 그와 해월은 나이가 같고(同年), 또 동방급제同榜及第한 막역한 벗이기도 하였다.

## 창작 저술로 삶을 정리하다

해월은 30세에 환로에 나아가 63세(1618) 8월에 동래부사를 마지막으로 약 33년 동안 내·외직을 두루 역임했다. 물론 9월에 공조참의를 제수받긴 했지만 더 이상 관직에 나아가지 않고 은자적 삶을 살려는 자신의 의지를 피력했다.

풍진 세상에 동분서주하며 온갖 관직 맡았건만,
해 질 녘 지친 새 둥지로 돌아오는 뜻 이제 알겠네.
風塵奔走文武間    暮境方知倦鳥還

그는 동래부사를 사직하고 고향인 평해로 돌아왔다. 그리고 만년에 퇴휴하여 은자적 삶을 갈망하는 의미에서 해월헌의 당호를 '만귀헌晚歸軒'이라 고쳤다. 구전에 의하면 이 현판은 석봉 한

만귀헌 현판

호가 직접 해월헌에 와서 쓴 글씨라고 한다. 그는 당호를 고치고 유유자적하며 다양한 문체의 창작과 저술로 삶을 정리하였다. 이후 그는 처외조부妻外祖父인 약포 정탁의 행장行狀, 농암 이현보 의 분천구노계汾川九老契 시축詩軸의 발문, 제주목사 정일재精一齋 남회南薈의 동주계同舟契 시축의 발문, 외숙인 일헌 정담의 묘지墓 誌 등을 지었다.

67세 2월에 아들 동명이 승지承旨가 되어 근친覲親을 왔다. 당시 변방의 오랑캐들이 수천의 기마병을 거느리고 압록강을 건 너와 선천군宣川郡의 임반관林畔館에 빈번히 접영하였다. 조정에 서는 이 문제를 의논하게 되는데, 동명이 이에 대한 대책의 장계 를 올렸다.

우리 변방의 수비가 너무나 허술하여 어느 하나 걱정되지 않는 곳이 없습니다. 바람이 불면 풀이 움직이는 모양과 흡사하니, 어떻게 이 문제를 해결할 수 있겠습니까? 하지만 안으로 지킬 수 있는 준비를 튼튼히 하고 밖으로는 변방을 연결하여 수비해야 할 것이며, 빠른 시일 내에 담략이 있는 사람을 뽑아 먼저 정탐을 하게 하시고 목전의 급한 것을 늦춰서는 안 될 것입니다.……

그런데 광해군의 동서同壻였던 박승종朴承宗이 동명이 올린 장계를 보고, "황모가 오랑캐와 화친을 주장한다"고 비화하였다. 변방 오랑캐의 문제로 어수선한 조정의 상황에 동녕이 장계를 올리고 고향으로 근친을 왔으니, 해월은 아들에 대한 걱정이 이만저만이 아니었다. 그리고 향후 동명에게 닥쳐올 화근을 미리 짐작하였다.

너의 장계가 좋다. 임금이 좋은 생각을 하시고, 신하된 이도 훌륭한 방책을 올렸다. 하지만 내가 들은 바로는 조정의 공론이 변방수비를 해야 한다는 쪽으로 의견이 모아지긴 했지만, 어느 누구도 이를 앞장서서 하지 않고 피하는 것은 그 허물을 누군가에게 전가하려는 것이다. 박승종이 큰소리로 외치는 것은 바로 이러한 이유에서 그렇게 했을 것이다.

유백온劉伯溫의 말도 모르느냐. 그 말에 보면 표적이란 여러 사람이 쏘는 곳이요, 많은 화살이 모이는 곳이다. 옛사람들이 무슨 일이든 앞장을 피하는 것은 바로 표적을 피하는 것이다. 말의 화를 피하는 데도 방법이 있으니, 표적을 피하는 것뿐이다. 이제 너의 장계가 여러 사람들의 입에 표적이 되었으니, 후일에 화가 너에게 미칠까 두렵구나.

사실 해월이 자신의 아들 동명을 위해 염려하는 마음에서 말했던 그 예견은 불행하게도 적중하고 말았다. 이 일로 인해 그 이듬해 1623년에 동명은 자신의 운명이 향후 어떻게 바뀔지 예측할 수 없는 유배의 길을 떠나게 된다. 결국 기나긴 유배의 시간을 보내게 되었고, 유배에서 풀려난 후에 평생을 은거하며 생을 마치게 되는 비운을 겪었다.

아들 동명이 근친을 온 지 한 달 정도 지난 3월 25일에 해월은 병을 얻게 되었다. 그는 병석에 있으면서 부인 이씨에게, "죽는 것이 모두 정해진 운명인데, 여러 자식들을 잘 가르치고 훈계하여 문호門戶를 보호하시오. 이것이 내가 매우 바라는 것입니다"라고 유언하였다. 그는 가산家産의 수호보다 자식의 교육을 통해 문호를 잘 지킬 것을 당부했다. 해월의 이러한 유언은 어쩌면 해월종가가 불천위 종가로서 그 명맥을 이어 올 수 있었던 정신적 지향점이 되었을 것이다. 그리고 병석에 누운 지 얼마 되지 않은 다음 달 4월 2일에 정침에서 하세하였고, 8월 13일에 사동 본가에서 약 50여 리쯤 떨어진 오대산五台山 간좌艮坐에 모셔졌다.

## 해월에 대한 후대 평가와 그 선양사업

해월은 67세의 일기로 세상을 떠났다. 사후 그를 애도하는 당대 저명한 지식인들의 만시輓詩가 쇄도했다. 그중 해월과 함께 중국 사신으로 갔던 월사月沙 이정구李廷龜의 만시를 보자.

무술년 조천하던 때가 가장 아니 잊히노니,
세 사신의 성대한 시집 그대의 주선을 입었지.
백년 평생의 의기는 호쾌한 통음에서 보았고,
만 리 머나먼 길 풍광은 짓는 시 속으로 들었어라.
만남과 헤어짐 몇 번이었더뇨 늙고 병든 몸만 남았고,
음성과 모습 살아 있는 듯한 것은 바로 그대의 시편들,
가을바람에 아득히 동해는 드넓은데,
그 어드메 청산에 한 잔 술을 부을거나.
戊戌朝天最未忘　三槎盛集賴鋪張
百年意氣看轟飮　萬里風煙入錦囊
聚散幾回餘老病　音容如在是篇章
秋風渺渺東溟潤　何處靑山酹一觴

월사는 해월보다 8살 연하이다. 하세한 후에 가선대부 이조참판嘉善大夫吏曹參判에 추증되었고, 아울러 동지경연의금부 춘추관 성균관사 홍문관제학 예문관제학 세자좌부빈객同知經筵義禁府春秋館成均館事弘文館提學藝文館提學世子左副賓客이 되었다. 그리고 1654년에 사림의 공의公議로 위패가 향사우鄉祠宇에 봉안되었다.

이후 1758년 7월에 향사우에 모셔져 있던 위패를 명계서원으로 옮겨와 배향하였다. 향내 유림에서 해월이 대해에게 학문을 수학하여 학덕을 겸비하였기 때문에 함께 배향하는 것이 당연하다고 하여 서원을 1758년 6월 30일에 현 위치로 이건하면서 해월의 위패도 함께 봉안하게 되었던 것이다. 명계서원의 이건은 해월에게 큰 의미를 갖는다. 왜냐하면 기존에 있던 서원에서는 대해의 위패만 봉안되어 있다가, 이건 시 해월의 위패를 함께 배향하게 되었기 때문이다.

또한 1776년에 해월의 문집을 이곳에서 간행하였다. 애초에 문집을 편집하기 위한 원고는 해월의 5대손 황상하黃相夏가 종가에 보관하고 있던 초고를 근저로 삼았다. 그리고 여러 곳에서 원고를 수집하여 최종 편집하였다. 1774년에 대산大山 이상정李象靖(1711~1781)이 최종 편집원고를 직접 교감하였고, 서문까지 집필하였다.

서원을 이건한 지 16년이 지난 1774년에 명계서원에서 해월의 문집을 목판본으로 간행하기 위한 준비를 하게 되는데, 약 2

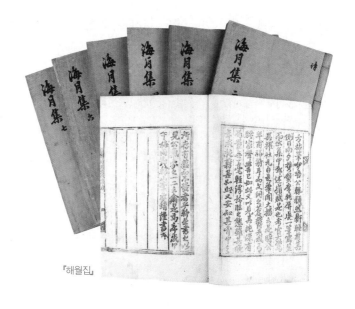

『해월집』

년이 지난 1776년에 14권 7책의 문집이 간행되었다.

문집의 편차는 일반적인 문집 차례에 따라 배열하였는데, 1권에서 4권까지는 시詩로, 513제가 수록되어 있다. 해월의 시적 재능은 어릴 적부터 이미 정평이 나 있었음을 여러 일화를 통해 확인할 수 있다. 21세 때 복시覆試에 합격하여 그 이듬해 성균관에 입학하였는데, 당시 그는 시를 짓는 데 몰입하지 않고 시에 조탁을 가미하지 않아도 자연스럽게 아려雅麗한 작품이 완성될 정도였다. 훗날 시로 한 시대를 풍미했던 오산 차천로나 백호 임제 등이 당시 그가 지은 한시를 보고 감탄하였던 것이다.

5권은 부부賦 · 대책對策 · 논論, 6권은 서書, 7권은 소疏 · 장계狀啓 · 교교敎 · 전전箋 · 표表 · 송송頌 · 기기記 · 서序 · 발발跋, 8권은 잡저雜著 · 제문祭文 등이 있다. 그는 문장을 짓는 데 있어서도 탁월했다. 20세가 되던 해에 한 번은 성균관의 유생들이 오현五賢을 문묘文廟에 배향해야 한다는 문제를 가지고 상소上疏를 올리려고 하자 이에 대한 의론이 매우 분분하였다. 이에 해월은 단호하게 자신의 입장을 정리하여 말하였다.

오늘 올리려고 하는 상소는 사전에 어떤 모의도 없이 이루어졌고, 말하지 않아도 당연히 아는 바이다. 사론士論을 하나로 모으고 사기士氣를 진작해야 하는 것은 공론이다. 이렇듯 미적미적하게 결정을 못하게 된다면 조정도 마찬가지이지만 사림에도 큰 도움이 되지 않는다.

해월의 발언에 조존성趙存誠 · 이홍준李弘俊 · 이정우李廷友 · 유대정兪大禎 · 황시黃是 · 김지金祉 등 약 20여 명이 그와 같은 입장을 표명하였다. 그래서 성균관 명륜당에서 소의疏議를 정하고, 해월이 소초疏草를 짓게 되었다. 당시 해월이 남부동에 있을 때, 직장直長 김부륜金富倫 · 참봉參奉 이봉와李奉窩 · 남악南嶽 김부일 등이 해월의 소사疏辭를 보고 명문이라고 칭송하였다.

9권은 은사록시銀槎錄詩, 10권에서 12권은 은사일록銀槎日錄,

해월선생 신도비

13권은 전傳 · 묘지墓誌 · 행장行狀, 14권은 부록附錄으로 이루어져 있다. 권말에 있는 발문跋文은 1776년에 조은釣隱 이세택李世澤 (1716~1777)이 썼다. 조은은 퇴계의 8대손으로 대사헌大司憲을 지냈으며, 대쪽 같은 품성을 지닌 인물로 당시에 이미 정평이 나 있었다.

해월의 신도비문神道碑文은 1873년에 귤산橘山 이유원李裕元 (1814~1888)이 지었다. 귤산은 백사 이항복의 후손으로 영의정을 지냈고, 글씨에도 능했다. 지난날 백사와 해월의 인연 탓인지 해월에 대해 누구보다 잘 이해하고 있던 귤산이 비문을 찬하게 되었다. 이러한 사실은 그가 찬한 비문에 잘 드러나 있다.

아! 공公은 나의 선조 백사공白沙公과 동년동월同年同月에 태어나셨다. 다만 태어난 날이 공보다 6일이 늦고, 백사공보다 4년 후에 돌아가셨다. 그런데 나라의 사정이 날로 잘못되어 이이첨, 정인홍 등이 안으로 붕당을 만들고, 오랑캐와 왜놈들이 밖에서 엿보고 있기 때문에 나라의 위험이 일촉즉발에 처하게 되어 조정의 대신들이 화를 당하고 있었다. 하지만 오직 공은 향산鄕山에 누워 조정朝廷의 문에는 그림자조차도 보이지 않으셨다. 지조와 절개는 임종林宗이 격론을 하지 않는 것과 설방薛方이 기산箕山의 절개를 본받고자 하는 것을 따르는 것에도 부끄럽지 않으셨다. 내 어찌 한마디 말을 아껴가며 선의先誼의 중함을 저버릴 수 있으랴?

사실 해월가에서는 애초에 선조의 신도비에 새길 문자를 오천梧川 이종성李宗城(1692~1759)에게 청탁하려고 했다. 그러나 당시 사정이 여의치 않아 약 100여 년이 지난 1873년에 해월의 사손嗣孫 황면구黃冕九와 그의 사종질四從侄이 되는 황정黃瀞이 귤산을 직접 찾아뵙고 신도비의 문자를 청탁했다. 오천은 백사의 현손玄孫인 아곡鵝谷 이태좌李台佐(1660~1739)의 아들이다. 다시 말해 해월의 신도비에 실을 문자는 처음부터 그와 막역한 백사의 후손 중 문장에 뛰어난 이에게 청탁하려고 했던 것으로 보인다.

　　중국 전한前漢 말에 정치가로 새로운 왕조를 건립한 왕망王莽이 설방에게 관직을 주려고 하였으나, 그는 "요임금과 순임금 때 허유許由와 소보巢父가 있었는데, 지금 임금께서 요순시대의 덕을 드높이려 하시니 저는 기산의 절개를 지키려고 합니다"고 하며 벼슬을 거절하였다. 귤산은 비문의 말미에서 당시 혼란한 정국에도 관직에 연연하지 않았던 해월의 지조와 절개를 임종과 설방의 고사에 비유하여 그의 삶을 자리매김하였다.

## 2. 황중윤, 해월의 문장을 잇다

### 명가에서 태어나다

황중윤黃中允(1577~1648)의 자는 도광道光, 호는 동명東溟이다. 동명은 그의 아버지 해월이 성균관에 입학하던 22세(1577) 5월에 안동에 있는 외가 천전리川前里에서 태어났다. 그는 모부인母夫人이 두 분 있었다. 귀봉龜峯 김수일金守一의 따님인 의성김씨, 덕원군德原君 이추李樞의 따님이자 약포藥圃 정탁鄭琢의 외손녀인 완산이씨完山李氏 등인데, 의성김씨는 중윤을 낳았고, 완산이씨는 중민中敏, 중헌中憲, 중순中順, 중원中遠, 중량中良 등 다섯 아들을 낳았다. 그리고 유처취처有妻娶妻인 병사兵使 최원崔垣의 따님인 한

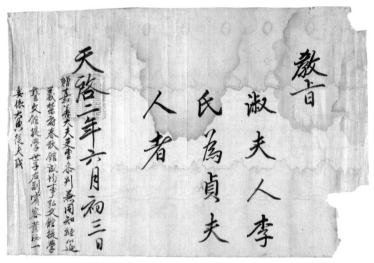

완산이씨 정부인 교지

양최씨漢陽崔氏가 있다.

　　아버지 해월뿐만 아니라, 조부 창주滄洲 황응징黃應澄, 종조
부 대해大海 황응청黃應淸, 그리고 학봉의 중형이 되는 귀봉龜峰
김수일金守一 등 친·외가의 근친들이 대부분 당대 저명한 학자
들이었다. 그래서 남다른 학문적 재능을 가지고 태어났고, 수학
기에 이미 훌륭한 학덕을 직접 수업할 수 있는 좋은 환경을 갖추
고 있었다. 동명이 어려서부터 학문에 뛰어나고 지나치게 문장
에만 힘쓰게 되자, 아버지 해월은 동명에게 이러한 학문은 선비
의 본분이 아니라고 하며 손수 주자朱子의 「경재잠敬齋箴」, 「백록

동규白鹿洞規」, 범준范浚의 「심잠心箴」 등을 써 주면서 '물폐물망상념상송勿廢勿忘常念常誦'이라 하며 항상 유념하고 외울 것을 당부하였다.

17세(1593) 때 평해에 귀양 와 있던 이산해를 만나게 된다. 그는 조부 창주공을 모시고 기성면 정명리에 있는 곡대鵠臺를 유람하게 되었다. 평소 아계가 어린 동명의 시재詩才에 대해 들은 바가 있었던 터에 운자韻字를 주며 시를 지어 보게 했다.

하늘이 시인 도와 바닷가 산으로 보내고는,　　　　天相詩翁到海山
바람 귀신에게 봄추위 빚지 못하게 시켰네.　　　　不敎風伯釀春寒
곡대의 경치를 일찍이 아셨는지요,　　　　　　　　鵠臺形勝曾知否
만 리 동해가 눈 아래 보인답니다.　　　　　　　　萬里扶桑眼底看

동명이 시를 지어서 보이니, 아계가 크게 놀라며 "훗날 문단의 대가가 될 것이다"라고 칭찬하였다.

20세(1596)에 대암大庵 박성朴惺(1549~1606)의 따님과 결혼하고, 대암의 문하에서 수학하였다. 24세(1600)에 한강 정구의 문하에 나아가 공부하였고, 29세에는 생원, 진사 복시覆試에 합격하였다. 31세(1607)에 아버지 해월이 수령으로 있던 영천 임고서원에 가서 포은의 문집을 중간하는 데 참석하여 지산芝山 조호익曹好益(1545~1609)과 함께 교정에 참여하였다. 34세(1610)에는 내암來庵 정인홍

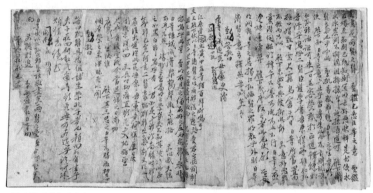

동명 친필 「회퇴신변소」

鄭仁弘(1535~1623)이 퇴계와 회재 두 선생의 문묘 종사를 반대하는 차箚를 올리자, 이에 반대하는 소疏를 올리기 위해 두 번이나 서울로 올라갔는데, 첫 번째 소에는 경상도 소수疏首였던 최경영崔景英을 따라 몇몇 사람들과 함께 올라갔고, 두 번째 소에는 동명 자신이 소수가 되어 직접 소를 지어 올라갔다.

35세(1611)에는 증광시增廣試에 참여하였다. 마치고 돌아오는 길에 충주忠州에 있는 탄금대彈琴臺에서 비가 많이 내려 잠시 체류하는 동안 잠이 들었는데 이상한 꿈을 꾸었다. 이 꿈을 회상하며 임란을 문학화한 『달천몽유록㺚川夢遊錄』을 창작하였다. 36세(1612) 9월 9일에 증광增廣 갑과甲科 제삼인第三人으로 합격하였다. 대과에 급제한 후, 2년이 지난 38세에 동명이 제수받은 첫 관직은 예빈시직장禮賓寺直長이었다. 39세(1615) 8월에 춘추관편수관을

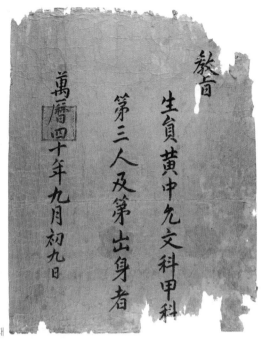

대과 급제 홍패

제수받아 『선조실록宣祖實錄』을 편찬했다. 9월에 어버이의 병 때문에 사직소를 올리고 고향 평해로 돌아왔다가, 11월에 『선조실록』의 편찬으로 다시 입조하게 되었다. 그 이듬해 여름, 경운궁慶運宮에 흉서凶書가 투척되어 광해군의 폭정이 다시 시작되었다. 동명은 관직에 환멸을 느껴 물러나려는 생각을 가졌지만, 실록의 편찬이 완성되지 않아 고향으로 돌아오지 못했다. 당시 그는 자신의 심회를 한 수의 시로 표현하였다.

흰 눈이 성긴 머리에 더해지고,　　　　　　素雪添疎鬢

홍진 속에 벼슬살이 괴롭네.　　　　　　　紅塵苦宦遊

한강에 풍랑이 바싹 다가오니,　　　　　　漢江風浪促

돌아갈 돛단배 지체하지 말아야지.　　　　歸帆莫遲留

　40세에 사간원정언을 제수받고 대비大妃에게 효를 독려하는
소疏를 올렸는데, 이것이 광해군의 분노를 크게 사게 되어 관직
에서 물러났다.

　　신은 형편없는 자질로서 외람되이 간언을 올리는 직책에 있습
　　니다. 옛사람이 혀를 놀린 책임을 다하지 못하였으니, 만약 신
　　의 죄를 따지신다면 만 번 죽는 것도 오히려 가볍습니다. 근자
　　에 조정의 말을 듣건대, 전하께서는 하루 세 번 문안을 드리는
　　삼조三朝의 예마저 폐지하시고, 위세로 만백성의 마음을 억누
　　르려 하시니 이에 대한 주위의 물의物議가 너무나 분분합니다.
　　삼가 바라건대, 성상께서는 『효경孝經』을 날마다 읽으시고 순
　　舜임금을 우러러 본받으십시오. 이것이 어찌 종묘사직과 백성
　　들의 끝없는 복이 아니겠습니까.

　일개 신하로서 차마 임금에게 올리기 어려운 글이다. 뒤에
일어날 일을 생각하지 않고 올린 신하의 진심이 담긴 소이다. 이

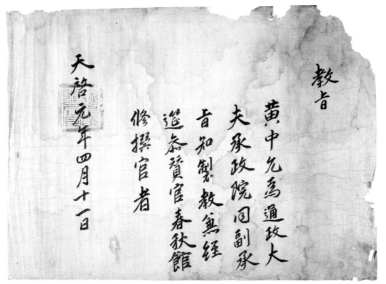

춘추관수찬관 교지

후 울진 평해에 머물며 사간원헌납, 병조좌랑·정랑 등을 제수받
았으나 병을 핑계로 나아가지 않았다.

43세에 성균관직강, 사헌부지평 등을 제수받았고, 44세에 통
정, 첨지중추부사, 동부승지를 제수받았다. 이해 5월에 주문사奏
聞使로 황경皇京에 가서 7월 명나라 신종神宗의 서거와 8월 광종光
宗의 즉위식에 참여하는 등 진주사陳奏使 이정구와 함께 소임을
다하고 9월에 돌아왔다. 45세에 동부승지, 우부승지, 좌부승지,
지제교 등을 제수받았고, 용천부사는 제수받았으나 나아가지 않
았다. 46세에 아버지 해월이 하세下世하자, 어머니 의성김씨의 묘

를 옮겨와 합장하였다.

## 험난한 유뱃길을 떠나다

　동명에게 있어서 인조반정仁祖反正은 삶의 전환점이었다. 자신도 이렇게 세상과 단절될 것이라 예측하지 못했기 때문이다. 47세(1623) 3월 인조반정이 일어난 지 한 달 후에 전라도 해남海南으로 위리안치하라는 어명이 내려졌다. 그는 4월 25일에 출발하여 무더운 6월에 해남에 도착했다. 이곳에 도착하여 자신의 울분과 적적함을 달래 주었던 것은 그나마 떠날 때 가득 싣고 간 책과 벗, 그리고 자연이었다. 그는 이곳에서 고산 윤선도와 교유하며 시를 수창하였고, 또 고산의 종제였던 윤선진, 윤선일과 학문을 토론하기도 하였다. 특히 유배 온 지 몇 년이 지난 1627년에 이복동생 중순中順과 중원中遠에게 보낸 편지를 보면, 당시 자신의 힘든 삶과 따뜻한 가족애를 엿볼 수 있다.

　너희들의 편지를 받아 보니 얼굴을 대하는 듯 기쁘고 위로됨이 한량없다. 헤어진 지 5년이다. 언젠가 내가 살아 돌아갈 때는 너희가 이미 성년이 되고 나는 백발이 성성한 늙은이가 되겠구나. 이 어찌 처량한 일이 아니겠느냐? 나는 여기 와서 여러 가지 액환에 갈수록 견디기 어렵구나. 그러나 너희는 열심

히 공부하여 선인先人의 업이 비뚤어지지 않도록 힘쓰고 또 힘
쓰라.

가족을 떠나 이제 멀리 해남으로 유배 간 지도 어언 5년이나
지났다. 아우 중순·중원과 이복형제이면서 많은 나이차에도 불
구하고 아우들에 대한 그의 우애는 남달랐다. 그래서 열심히 공
부할 것을 독려하였다.

55세(1631) 5월에 전국적으로 큰 가뭄이 들자 의금부에서 죄
인들을 석방해 줄 것을 청하는 소를 임금에게 올렸고, 임금이 허

「천군기서」

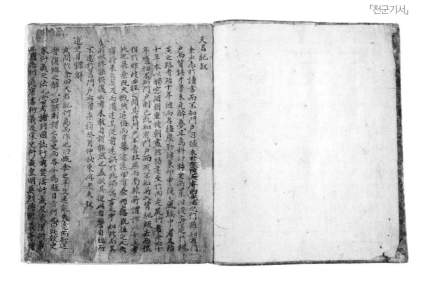

락하여 7월에 유배지를 서산瑞山으로 옮겼다. 57세 가을에 「천군기서天君紀敍」를 지었고, 11월에 임금의 특명으로 11년 만에 고향으로 돌아왔다.

## 수월당에서 만년을 보내다

황중윤은 57세(1633)에 그리도 갈망했던 고향으로 돌아왔다. 마침내 조정으로부터 직첩職帖도 돌려받았다. 하지만 그는 더 이상 세상에 나아가려는 의지가 없었다. 57세 생일날 그는 이러한 자신의 심정을 시로 표현하였다.

| | |
|---|---|
| 또 생일을 맞으니, | 又逢皇揆日 |
| 오십칠 년을 살았네. | 五十七行年 |
| 이날 얻어 이미 행운이라, | 得此已爲幸 |
| 여생을 얼마나 늘이겠는가. | 餘生能幾延 |
| 영화는 끝내 괴국의 꿈 되고, | 榮曾夢槐國 |
| 변화는 다시 상전에서 찾네. | 變更閱桑田 |
| 명을 아노니 내 무엇 바라랴, | 知命吾何願 |
| 이제부터 주선이나 되려 하네. | 從今作酒仙 |

혼돈의 정국을 경험했던 그가 더 이상 세상에 대한 미련이

없음을 극명하게 드러내고 있다. 59세에 아버지 해월이 남긴 유지에 따라 현 종가에서 6킬로미터 정도 떨어진 방율리芳栗里 월야月夜마을에 만년을 보낼 수 있는 수월당水月堂을 짓고, 이곳에서 사람들과의 교유를 끊고 학문에 몰두하며 은자적 삶을 살았다. 1637년에 남한산성이 함락되었다는 소식을 듣고 비분강개한 심정을 견디지 못한 그는 마침내 산사山寺나 산골짜기의 오두막에 살기도 하면서 정처 없는 생활을 하였다. 1648년(인조 16) 3월 29일에 72세의 나이로 세상을 떠났다.

동명은 창주滄洲와 해월海月의 가문에서 태어났고, 대암大庵의 문하에 입문하여 수학하였다. 그리고 한강 정구와 여헌 장현광의 문하를 오가며 수학하여 한 시대를 풍미할 수 있는 언어, 문자, 그리고 덕행을 갖추었다. 그러나 탄탄대로의 환로에서 시대에 영합하지 않고 늘 신하로서 갖추어야 할 충성과 직간直諫을 서슴지 않고 행하여 결국 장년에 오랜 기간을 유배생활로 보냈다. 더욱이 해배解配 후에도 더 이상 환로의 길을 모색하지 않고 은둔으로 생을 마감하였다.


### 동명이 창작한 한문소설


동명이 남긴 다양한 양식의 문자에 대한 학계의 기존 연구에서, 그에 대해 가장 많은 관심이 쏠린 분야가 바로 그가 직접 창

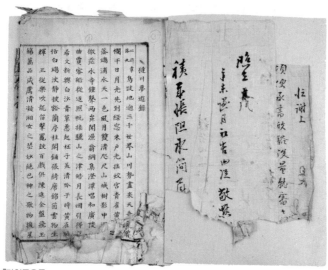

『달천몽유록』

작한 소설에 대한 분석이다. 물론 그의 작품이 필사본 성책 형식
으로 남아 있다는 점도 흥미로운 일이 아닐 수 없다. 그는 평생
동안 『달천몽유록』, 「천군기天君紀」, 「사대기四代紀」, 「옥황기玉皇
紀」 등 모두 네 편의 한문소설을 창작하였다.

　　당대 지식인들은 소설 창작을 기피한 편인데, 그는 왜 이렇
듯 많은 작품을 창작했을까? 그는 본태적으로 글쓰기에 매우 집
착한 편이었고, 학문적으로 남다른 능력을 갖추고 있었다. 하지
만 그는 쉽게 세상과 타협하지 못하는 꼿꼿한 성격과 자신을 필
요로 하는 시대를 만나지 못한 불우한 삶을 토로하기 위해 소설

이라는 가상의 공간을 빌려 온 듯하다. 물론 오랜 유배도 소설 창작에 한몫을 했을 것이다.

먼저 『달천몽유록』은 동명이 35세가 되던 1611년에 창작한 몽유록류夢遊錄類의 한문소설이다. 이 소설의 창작자와 창작 시기, 창작 배경은 동명의 7대 주손 황면구黃冕九가 지은 「가장家狀」에 잘 나타나 있다.

> 신해년(1611) 봄에 증광해增廣解에 참석했다가 돌아오는 길에 충주 탄금대 아래에서 비로 인해 머물고 있었는데, 이곳은 바로 총병總兵 신립申砬(1546~1592)이 배수진을 친 곳이다. 이상한 꿈을 꾼 후에 『달천몽유록』을 지었다.

동명은 1611년 봄에 증광시增廣試에 참여하고 돌아오는 길에 충주의 탄금대에서 비를 피하다가 얼핏 잠이 들었는데, 그때 이상한 꿈을 꾸어 『달천몽유록』을 짓게 되었다고 한다.

동명이 『달천몽유록』을 창작한 시기는 임진왜란이 끝난 지 13년이 지난 1611년이다. 당시는 지난 전쟁에 대한 패전의 반성이 있었던 시기였기에 조선의 병제兵制가 갖고 있는 다양한 제도적 모순을 반성하는 목소리가 다양한 경로를 통해 범국가적 이슈로 거론되었다. 그래서 소설에서 신립의 달천전투에 대한 진지 구축과 참여한 장수, 그리고 병제, 전투 후 상벌의 문제 등을 구성 요소로 삼았다. 이러한 사유세계는 공부하는 젊은 엘리트 선비로서 과거를 통해 환로에 나아가 자신의 이상을 펴 보고자 하는 대안적 견해를 소설에서 펼쳐 보이고 있는 것이라 하겠다.

일반적으로 몽유록은 현실세계에서 꿈을 통해 몽중세계를 체험하고 다시 꿈에서 깨어나 현실세계로 돌아오는 형식으로 구성되어 있다. 동명의 『달천몽유록』은 아쉽게도 앞부분 두서너 장이 결락되어 꿈을 꾸는 과정이 없다. 다시 말해 현실세계와 몽중세계가 차단된 구조인 셈이다. 그리고 등장하는 인물들은 작가의 의도 속에 구현된 동시대적 인물을 다루고 있다. 특히 동명은 35세가 될 때까지 환로에 나아가지 못했는데, 몽유자 역시 인간세상에서 중년이 되도록 뜻을 일지 못한 인물로 설정함으로써 자신의 분신으로 여긴 듯하다.

동명은 두 가지 의도에서 『달천몽유록』을 창작한 것으로 보인다. 과거 임란에 대한 비판의식과 향후 미래에 대한 희망이 그것이다. 우선 조선시대 병농일치를 시행했던 군사제도의 모순과 지난 전쟁을 평가하는 과정에서 야기되었던 상벌의 문제를 구체적으로 지적하며 비판하였다. 아울러 능력 우선을 통한 민심의 화합이라는 희망도 은연히 제시하였다. 이러한 측면에서 결국 『달천몽유록』은 과거사에 대한 반성과 함께 지난 역사적 사건을 통한 당대 현실상황에 대한 작가의식이 잘 반영된 작품인 셈이다.

「천군기天君紀」는 동명이 11년 동안의 유배기에 창작한 것으로 짐작된다. 왜냐하면 그가 11년의 유배생활을 마치고 고향으로 온 57세(1633)에 「천군기서天君紀敍」를 썼기 때문이다. 그러니 유배생활을 했던 47세에서 57세 사이에 「천군기」를 이미 창작하였고, 고향으로 돌아온 후에 서문敍文을 지은 것으로 보인다. 이 작품은 인간의 심성론心性論을 문학적으로 서사화한 장회체章回體 양식의 소설이다.

이러한 양식의 서사기법은 읽는 독자로 하여금 소설을 좀 더 흥미롭게 끝까지 읽게 하는 효과가 있다. 현재 전해지고 있는 우리나라 고전소설 가운데 장회체 양식을 가장 먼저 시도한 작품으로 소설사적으로 가치가 있다. 동명은 이 작품을 자신의 생을 회고하며 마음을 성찰하기 위한 한 방편으로 지었다고 하였지만, 실상은 마음에 대한 성찰의 문제를 다룬 작품인 동시에 치도治道에 대한 우의寓意를 담아 바람직한 군주에 대한 생각을 우회적으로 피력하고 있다.

「사대기四代紀」는 봄·여름·가을·겨울을 각각 원元·하夏·상商·연燕 등 네 개의 나라로 설정하고, 사계절의 순환으로 일어나는 다양한 자연현상을 각각 13명의 황제로 설정하여 의인화했다. 동명이 중국 역사의 양식을 끌어들여 평가하였기에 그 나름대로의 역사관이나 정치관이 잘 반영되어 있다.

「옥황기玉皇紀」는 중국 고대의 전설적인 성인이었던 유소씨有巢氏와 수인씨燧人氏로부터 명나라의 태조太祖·태종太宗에 이르기까지 왕이나 충신, 학자 등 다양한 계층의 인물, 신선과 깊이 관련이 있었던 인물들의 역사적 사실들이 실은 옥황상제가 이들의 활동을 명령하고 조정하였던 것으로 그리고 있다. 그는 이원론적 세계관에 입각하여 천상계와 지상계를 설정하고, 지상계에서 제선국으로의 수직적 이동, 지상계에서 천상계로의 수직적 이동을 그리고 있다. 이런 모든 이동이 옥황상제의 명에 의해서 이루어지기도 하고, 때론 주위의 천거를 받아 옥황상제의 승인을 얻어 이루어지기도 한다.

### 동명의 평생 저작물, 『동명집』

동명은 어려서부터 문장가로서의 자질을 갖추었기 때문에 다양한 양식의 문자를 창작하였다. 그의 평생 창작물인『동명선생문집東溟先生文集』은 사후 약 320년 후인 1905년에 자신의 8대손 수洙가 이를 8권 5책으로 편집하여 목판본으로 간행하였다. 문집의 서문은 향산響山 이만도李晩燾(1842~1910)가 썼다. 향산은 서문에서 오랜 시간이 흘러 문집이 간행되는 바람에 그의 유문이 흩어진 것을 안타까워하면서, 널리 통달한 학문(博達之學), 한결같은 마음으로 세상을 개도하고 구제하려 했던 재주(開濟之才), 그리고 넓고 넓은 바다와 같은 그의 문장(浩瀁之文) 등을 높이 평가하였다. 동명의 묘갈명墓碣銘은 척암拓菴 김도화金道和(1825~1912)가

『동명집』

썼다. 그의 명은 동명의 성품과 삶을 잘 표현하였다.

| | |
|---|---|
| 이름난 아버지의 아들이자, | 名父之子 |
| 대학자의 제자라네. | 宗儒之弟 |
| 품행은 충효를 완비하고, | 行全忠孝 |
| 학문은 덕예를 겸하였네. | 學兼德藝 |
| 근본이 이와 같은데, | 有本如是 |
| 어디엔들 합당하지 않으랴. | 何用不宜 |
| 위험을 무릅쓰고 사신으로 가고, | 涉險專對 |
| 인륜을 부지하려 계문을 올렸네. | 扶倫有啓 |

| 저들은 어떤 사람이기에, | 彼何人斯 |
|---|---|
| 참언을 잘 꾸며냈는가. | 貝錦成斐 |
| 파리가 흰 구슬을 더럽힌 것이고, | 蠅點白璧 |
| 구슬이 사발을 벗어난 것이네. | 丸失甌臾 |
| 대현의 한마디 말씀은, | 大賢一言 |
| 저울대처럼 오차가 없었네. | 權衡不差 |
| 천심을 감동시켜 돌리고, | 感回天心 |
| 나라의 무고를 씻었네. | 消融邦誣 |
| 초가집에 돌아와 누우니, | 歸臥衡茅 |
| 만사가 한탄스러울 만하네. | 萬事堪噫 |
| 풍천에 대한 슬픔 깊어, | 慟深風泉 |
| 산야를 이리저리 방랑하였네. | 迹散山野 |
| 편안히 돌아가 쉬니, | 居然反息 |
| 묵방의 언덕이네. | 墨坊之峙 |
| 내가 이 돌에 명을 새겨, | 我銘玆石 |
| 공론을 게시하노라. | 揭示公議 |

　묘지명墓誌銘은 전원田園 류도헌柳道獻이 썼다. 그리고 발문은 효암曉庵 이중철李中轍(1848~1937)이 기록하였다.

　문집의 전체적인 구성은 1권에서 4권까지는 한 수의「천연 대부天淵臺賦」를 제외하고 모두 한시 작품이다. 산수를 소요하며 자신의 감회를 읊조린 작품과 고산 윤선도尹善道를 비롯하여 당대 명사들과 화답한 작품이 많다. 5권은 소疏·계啓·서書·잡저雜著 등으로 편집되어 있다. 특히 소를 보면 내암 정인홍이 퇴계와 회재 두 선생의 문묘 종사를 반대하는 답劄을 올렸을 때, 자신이 직접 소수疏首가 되어 이에 반하는 내용의 소를 세 편 올린 것이 남아 있다.

6권은 역시 잡저인데, 여기에는 1620년(광해군 12) 금군金軍을 정벌한 양경리 조명군助明軍의 주문사奏聞使로 요동에 갔을 때 기록한 일기 형식의 「서정일록西征日錄」과, 1623년 3월 13일 인조반정이 일어났을 때 모친의 병환으로 울진에 있던 그에게 청淸과의 주화론을 주장했다는 이유로 4월 22일에 해남으로의 유배의 명이 내려지게 된 당시의 상황을 기록한 「남천일록南遷日錄」이 수록되어 있다. 그리고 7권은 서序·기記·상량문上樑文·제문祭文·묘지명·행장 등이 수록되어 있다. 끝으로 8권은 부록으로 가장家狀·가장후서家狀後敍·묘갈명·묘지명 순으로 수록되어 있다.

# 3. 황만영, 선대의 유지를 받들다

　　평해읍 월송리에 있는 '황씨시조제단원黃氏始祖祭壇園' 입구에 이르면 정문 앞 왼쪽에 '애국지사국오황만영선생기념비愛國志士菊塢黃萬英先生紀念碑'를 마주하게 된다. 입석한 지 그리 오래되지 않은 듯하다. 정문 안에 있는 시조제단의 정원이 꽤 넓은 편인데도 불구하고 굳이 이곳에 근세에 살다간 한 인물의 비석을 세운 데는 나름대로 이유가 있었을 것이다. 입석의 주인공인 황만영은 그 시대에 고관을 지낸 적이 없다. 그렇다고 당대 저명한 학자도 아니었다. 하지만 그의 인생 편력을 보면 시조제단 정원의 경내에 있는 여러 제단의 어떤 인물보다 가문의 큰 위인이었음을 알 수 있다.

황만영黃萬英(1875~1939)은 자가 응칠應七이고 호가 국오菊塢이
다. 그는 해월海月의 직계 10대손이다. 1875년 6월 20일에 황수黃
洙의 둘째 아들로 태어났다. 어려서부터 가학으로 전통 유학을
익혔을 뿐만 아니라, 신학문도 겸비하였다. 그는 평생을 일제에
항거하며 독립운동을 하다가 생을 마친 애국지사이다.

1905년에 일본이 러일전쟁에서 승리하고 대한민국의 외교
권을 박탈하기 위해 강제로 을사보호조약을 체결하자 전국에서
일제히 의병이 봉기하게 된다. 울진 역시 예외는 아니었다. 당시
관동창의대장關東倡義大將으로서 강원도와 경상도의 울진·평

해·봉화 등지에서 의병활동을 주도하고 있던 성익현成益鉉의 의진義陣이 울진에 주둔하고 있었다. 이때 국오는 군자금 800냥을 이곳에 보냈다. 당시 그의 나이는 31세였다. 그의 이러한 독립군 지원은 훗날 해월가의 가세에 큰 영향을 끼치게 된다.

이후 그는 본격적으로 독립운동에 참여하였다. 1907년에 당시 국내 최대의 항일 비밀결사단체인 신민회新民會에 가입하였다. 그리고 인재를 양성하기 위해 사재를 털어서 고향인 울진군 기성면 사동리에 대흥학교大興學校를 설립하였다. 그가 학교를 설립한 이곳은 본래 사동서당沙洞書堂이었다. 사동서당은 송곡헌松谷軒 이명유, 애월당愛月堂 남유주南有周, 그리고 그의 선조 동명의 학행을 기리기 위해 그 후학과 후손들이 사우를 건립하려 했으나 조정의 허락을 받지 못하여 서당으로 건립했던 곳이다. 그에게는 매우 의미 있는 곳이기도 하다.

조국의 독립을 위한 그의 활동은 이뿐만이 아니었다. 이준형(1875~1942)이 아버지 석주 이상룡의 일대기를 기록한 『선부군유사先父君遺事』에 보면 황만영의 활동을 좀 더 구체적으로 알 수 있다.

1910년 11월, 황만영과 주진수가 경성으로부터 와서 양기탁과
이동녕의 뜻을 전달하면서 만주의 일을 매우 자세히 말했다.
이 말을 듣고 만주로 건너갈 계획을 결심했다.

당시 국오는 서울을 오르내리면서 독립운동의 새로운 방향 모색을 위해 해외에 독립군 기지를 개척하는 데 적극 참여하게 된다.

결국 그는 38세(1912)에 일제의 감시를 피해 만주滿洲로 망명의 길을 떠난다. 이후 이곳에서 이시영李始榮 등과 함께 신흥학교新興學校를 설립하고, 재정업무를 담당하였다. 39세에는 대한국민의회大韓國民議會에 참여하며 독립운동을 전개하였다. 이후 그는 전국 순회강연을 실행하며 일반인들에게 항일의식을 고취시켰고 군자금을 확보하는 데도 노력하였다. 1919년 3월에 3·1운동이 일어나자 연해주 대한국민의회大韓國民議會에 참가하였다.

1919년 9월 주진수朱鎭洙 등과 함께 만주로 파견되어 순회강연을 개최하면서 항일의식을 고취하였다. 49세(1923)에 유하현柳河縣 삼원포三源浦에서 윤필환尹弼煥에게 자금조달의 임무를 맡기고 국내로 돌아왔다.

석주 이상룡이 상해의 임시정부 국무령國務領이 되자 청렴결백한 국오(51세, 1925)에게 임시정부의 재정업무를 담당하게 했다. 53세에 신간회新幹會 울진지부蔚珍支部의 지회장으로 선출되어 민족단일협동전선운동에 적극 참여하였다. 이러한 와중에 1931년 9월 일본이 중국 동북지방을 침략하여 중일전쟁이 발발하자, 일본은 국내에서 행해지고 있던 사회운동이나 학술활동 등 모든 분야를 더욱더 포악하게 탄압하기 시작하였다. 이로 인해 그는 금

강산에 은거하게 되었고, 그곳에서 병을 얻어 다시 고향으로 돌아와 65세가 되던 1939년 4월 25일에 조국독립을 보지 못하고 세상을 떠났다. 사후 1995년에 건국훈장 애족장愛族章이 추서되었다.

# 제3장 종가의 다양한 고전적들

# 1. 종가의 고서

우리나라 국학 관련 기관과 박물관에 소장하고 있는 국가지정문화재나 지방문화재, 그 가운데 특히 전적류는 종가에서 기탁하거나 기증한 일괄 자료가 대부분을 차지하고 있다. 그리고 개인이 소장하고 있는 일괄 자료 역시 조상으로부터 대대로 물려받은 종가의 자료들이다. 그러나 종가라고 해서 일반 사가에 비해 문화재를 보관할 수 있는 특별한 공간을 확보하고 있는 것은 아니다. 그런데 어떻게 지난 수세기 동안 각종 국가 위란과 재난 속에서도 조상들이 물려준 유물을 훼손하지 않고 이렇듯 잘 보관할 수 있었을까? 그 이유는 유물을 보관하고 있는 종가의 구성원, 특히 종손의 정신세계에서 찾을 수 있다.

종가의 종손과 종부를 비롯한 대부분의 구성원들은 유교적 이념에 입각하여 조상이 남겨 주신 유물에 대한 인식이 남다르다. 그들은 유교의 한 이념인 효孝의 연장선에서 조상의 정신이 담긴 유물을 잘 보관하고 계승하는 것을 효를 실천하는 덕목으로 여겼다. 그래서 어려운 환경 속에서도 자신의 목숨을 지키듯이 조상이 남긴 유물을 잘 보관하여 후손들에게 전승하였고, 덕분에 오늘날 중요한 정신문화로서 우리 사회에 가치 있는 문화콘텐츠로 활용할 수 있게 되었다.

해월종가 역시 마찬가지다. 해월종가는 선대로부터 대대로 문풍이 이어졌고, 이러한 가문의 배경으로 인해 해월 당대뿐만이 아니라, 그 후대에도 많은 문사들이 이곳을 출입하며 문자를 남겨 다양한 유형의 문적과 유물이 전해져 내려왔을 것으로 짐작해 볼 수 있다. 그러나 현 종손에 의하면, 수차례의 도난으로 인해 아쉽게도 많은 전적류와 유물을 분실했다고 한다.

그나마 다행스러운 것은 지금까지 종가에 전해져 내려온 50종 409점의 유물을 한국국학진흥원에 기탁하여 보관하고 있다는 점이다. 기탁한 409점을 유형별로 보면, 고서류古書類 34종 35점, 고문서류古文書類 44점, 목판류木板類 6종 312점, 기타류 10종 18점 등이다. 필사본 전적류와 목판이 주종을 이룬다.

현재 해월종가에 전해지고 있는 고서류는 일반적인 종가에서 소장하고 있는 고서의 유형과는 다르게 특징적인 면이 있다.

활자나 목판으로 간행된 고서는 수 점에 불과하고, 해월이 1590년에 선조로부터 하사받은 내사본內賜本『대학언해大學諺解』등 수점을 제외하고는 필사본 성책成册이 대부분이다. 이러한 데는 여러 가지 이유가 있겠지만 중요한 활자나 목판본 고서는 대부분 도난을 당했기 때문일 것이다.

### 해월의 내사본『대학언해』

해월은 35세가 되던 1590년 5월에 예문관봉교와 옛 직책을 그대로 제수받았다. 그리고 그해 7월에 내사본內賜本『대학언해大學諺解』1책을 하사받게 된다. 책의 속표지에 '萬曆十八年七月日 內賜藝文館奉教黃汝一大學諺解一件 命除謝 恩 左副承旨臣李'라는 내사기內賜記가 기록되어 있고 내사인에는 '선사지기宣賜之記'라는 글자가 찍혀 있다.

이 책은 선조宣祖의 명으로 1585년에 교정청이 설치되고, 당대 학자들이 사서四書를 비롯하여『소학』등의 언해를 완성하게 되자, 금속활자인 을해자체경서자로 찍은 초간본이다. 이 책의 한문본은 주희朱熹가 주석을 단 경서의 주석서를 명나라 호광胡廣 등에게 명하여 이것에 대한 여러 학자들의 주석을 모아 부연하게 한 책으로, 오경五經・『사서대전四書大全』및『성리대전性理大全』과 함께 1415년 9월에 편찬되었다. 우리나라에서도 15세기 말에

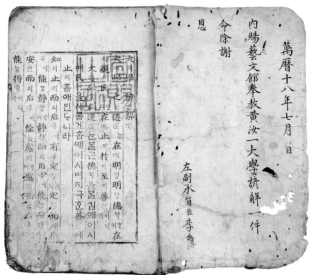

내사본 『대학언해』

이를 수입하여 간행·반포하였다. 해월가에 소장하고 있는 이
책은 선조의 명에 의해 설치된 교정청에서 1590년에 금속활자로
인출한 것으로, 인출한 당해에 바로 하사받은 것이다.

　이 책의 간행 배경을 보면, 조선이 개국한 이후에 유학의 다
양한 경전이 수입되었고, 학맥에 따라 경서를 해석하는 방법과
이해의 정도가 다르게 되자, 선조 대에 이르러 이에 대한 이견을
조정할 필요성이 대두되었다. 이에 선조는 백성들이 누구나 경
서를 쉽게 볼 수 있도록 미암眉巖 류희춘柳希春(1513~1577)에게 명
하여 구결口訣과 언해를 달게 했다. 1574년(선조 7)에는 마침내 사

서오경四書五經의 현토懸吐와 언해를 정하라고 명령하였다.

선조는 경서 구결과 언해를 담당할 국局을 만들어 류희춘에게 이를 주관하도록 했다. 하지만 류희춘 자신이 성리학에 대한 깊은 이해를 갖지 못했다. 그리고 다른 학자들의 의견을 수렴하는 데도 실패하게 되자, 1576년(선조 9)에 율곡栗谷을 추천하여 사서오경의 언해를 만들게 했다. 하지만 율곡은 사서四書의 언해는 완성하였지만, 오경五經의 언해를 완성하는 데는 이르지 못했다. 그가 사서언해를 마치지 못하고 세상을 떠나자, 선조는 교정청校正廳을 설치하여 선조 21년에 경서언해를 완성하였다. 이후 영조 대에 이르러 담와淡窩 홍계희洪啓禧(1703~1771)와 문인들이 금속활자인 무신자戊申字로 율곡의 『사서언해四書諺解』를 간행하였다.

경서언해는 가장 기본적인 성리서인 경서를 한글로 풀이하여 일반 독자의 이해를 돕기 위한 것이다. 『대학언해』는 경서언해본으로는 최초의 판본이며, 방점을 가지는 문헌이다. 그러므로 중세국어에서 근대국어로 변하는 과정, 즉 방점과 ㅿ, ㆁ을 보이는 마지막 문헌이라는 점에서 중요한 책이다. 무엇보다 조선시대 말까지 백성들의 필독서인 경서가 지속적으로 간행될 수 있게 만든 경서언해본의 시초가 되었다는 점에서 의미가 있다. 현재 남아 있는 판본으로 보아 1590년 당시 도산서원 등 개인이 아닌 기관에 내사한 것이 다소 있으나 이렇게 개인이 받은 책은 흔치 않다.

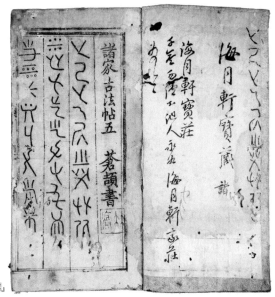

『제가필적』

## 중국 역대 필첩筆帖의 정수, 「제가고법첩」

표지의 서명에는 '제가필적諸家筆跡', 권수제에는 '제가고법첩諸家古法帖'으로 표기되어 있다. 이 책은 송나라 992년(태종 3)에 역대로부터 수장되어 온 제가諸家들의 묵적을 왕저王著에게 편찬을 명하여 모각模刻하게 하고, 이정규李廷珪가 만든 먹을 사용하게 하여 10권으로 편찬한 것으로, 이를 '순화각첩淳化閣帖'이라 하였다. 내용은 1권이 「역대제왕법첩歷代帝王法帖」, 2~4권이 역대 「명

신법첩名臣法帖」, 5권이 「제가고법첩諸家古法帖」, 6~8권이 「왕희지
王羲之」, 9~10권이 「왕헌지王獻之」 글씨로 되어 있다.

이 책은 그중 5권에 해당하는 「제가고법첩」으로 창힐蒼頡,
하우夏禹, 공자孔子 등의 묵적이 수록되어 있다. 중국으로부터 수
입하여 16세기 무렵에 번각한 판본이다. 책에는 1602년에 해월
이 직접 쓴 첩에 대한 간략한 설명을 썼고, 훼손된 책을 보수하여
성책成冊으로 만든 경위와 함께 후손들이 잃어버리지 말 것을 당
부하며 '해월헌보장海月軒寶藏'이라 표기하였다. 해월이 소중하
게 다룬 귀중한 책이다.

# 2. 해월과 동명의 일상 기록들

　　해월종가에 전하고 있는 전적류 중에 특징적인 것은 필사본
성책류가 많다는 점이다. 이 자료들은 해월과 동명이 직접 기록
한 일기류 형식의 필사본이 대부분이다. 우선 해월이 남긴 문자
를 보면, 그는 남다른 기록벽記錄癖이 있었던 것으로 보인다. 일상
생활뿐만 아니라, 사환仕宦이나 사행使行, 그리고 전쟁에서 겪었
던 공사公私의 일상을 기록으로 남겼다. 『해월헌계미일기海月軒癸
未日記』·『해월선조일기필적海月先祖日記筆跡』·『조천일기유고朝
天日記遺藁』·『은사록銀槎錄』·『일기초日記草』·『읍초泣草』 등이
그러한 기록물들이다. 이들 기록물들은 대부분 일기류 형식의
초고草稿로서 당시 해월에게 주어진 다양한 환경과 당시 정치사

를 이해하는 데 매우 가치 있는 자료라고 할 수 있다.

## 해월의 생활일기, 『해월헌계미일기』

『해월헌계미일기海月軒癸未日記』는 해월이 28세였던 계미년癸未年(1583) 6월 1일부터 8월 25일까지 84일간의 일상을 기록한 필사본 생활일기이다. 그는 3월에 안동 광흥사廣興寺에서 공부하고 있었는데, 6월에 서울 댁에 머물고 있던 그의 장인 귀봉龜峯이 투병한 지 한 달 만에 병세가 더욱 악화되었다는 소식을 듣고 급히 상경하였다. 6월 2일에 출발하면서 한여름의 장마와 더위로 인

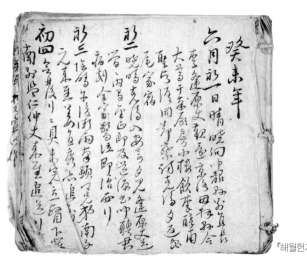

『해월헌계미일기』

한 힘든 여정을 기록하였다. 그는 서울에 입성해서 비싼 돈을 지불하고 말을 빌려 처가로 갔지만, 이미 장인은 수 일 전에 돌아가셔서 결국 장인의 임종을 보지 못했다고 기록하였다. 이 일기를 기록한 목적은 알 수 없지만, 해월이 남긴 필사본 문자를 보면 그는 일상생활에서 특별한 사건이나 행위가 있으면 대부분 그 전말을 기록으로 남겼다.

### 해월의 사환일기, 『해월선조일기필적』

『해월선조일기필적海月先祖日記筆跡』은 해월의 나이 34세 때인 1589년 6월부터 10월까지의 일들을 기록한 사환일기이다. 표제는 후대에 만들어졌으며 본문의 내용 글씨는 해월의 친필인 듯하다. 기록한 일자를 구체적으로 보면 1589년 6월 22일~7월 12일, 8월 8일~23일, 10월 9일~21일까지이다. 해월은 이해 6월에 춘추관기사관春秋館記事官에 임명되었다. 일기는 도성에 머물러 있으면서 보고 겪은 일이나, 각처에서 올라온 장계에 대한 내용이다. 8월 12일에는 경상감사의 장계가 올라왔는데, 7월 24일 비가 와서 황산강黃山江 물이 불어나 남녀노소 수십 명이 물에 빠져 죽었음을 전하자, 생존자는 구휼해 주도록 하였다. 8월 14일에는 남해현에 사는 사노私奴 임좌원林佐元의 집에서 암소가 송아지를 세 마리 낳았다는 경상감사의 장계가 올라왔으며, 16일에는 제주

목사 이혼李渾(1543~1592)이 단천군수端川郡守 시절 탐관오리의 악행을 저질렀으니 파직해야 함을 장계하자 그대로 시행하라고 한 이야기 등을 기록하고 있다. 지방행정문서의 이면에 일기를 썼기 때문에 관아끼리 주고받은 문서를 확인할 수도 있다.

## 해월의 사행일기, 『은사록』

『은사록銀槎錄』은 해월이 43세가 되던 1598년에 명나라 사신으로 10월 21일 도성을 출발하여 요동을 거쳐 이듬해 1월 23일

「은사일록」

명나라를 오가면서 겪었던 일들을 기록한 사행일기이다. 한시와
일기가 혼합되어 기존의 사행록과 다른 형식을 보여 주고 있는
데, 당시 중국과의 관계를 살피는 데 좋은 자료가 된다. 그는 명
나라 사신 정응태丁應泰가 주문奏文의 내용을 문제 삼자 이를 변무
하기 위해 진주사陳奏使 우의정 이항복李恒福과 부사副使 공조참판
工曹參判 이정구李廷龜와 함께 서장관書狀官의 자격으로 연경에 가
게 되었다. 『은사록』은 그의 문집 권9~권12에 그대로 수록되어
있다. 9권에는 출발할 때부터 도착할 때까지의 감회를 토로한 92
제題의 한시가 수록되어 있다. 10~12권은 「주문奏文」을 비롯하여
「일록 상日錄上」·「일록 중日錄中」·「일록 하日錄下」로 구성되어

있고, 1598년 10월 21일부터 1599년 4월까지의 일상에서 경험하고 겪었던 다양한 내용을 기록하였다. 『조천일기유고朝天日記遺藁』와 『은사일록銀槎日錄』도 『은사록』과 비교해서 내용이 거의 동일한 일기이다.

한편 1598년에 해월과 함께 명나라에 진주사陳奏使로 갔던 이항복李恒福의 사행일기인 『백사선생조천록白沙先生朝天錄』이 있다. 이 일기는 상·하로 나누어져 있고, 1598년 10월 21일 출발에서부터 이듬해 4월 24일 사행에서 돌아와 보고할 때까지의 여정에서 보고 들은 일화逸話와 현지의 다양한 문화현상, 그리고 감회를 토로한 시를 기록하고 있다.

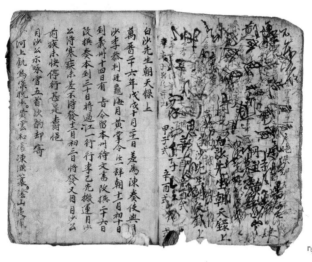

『백사선생조천록』

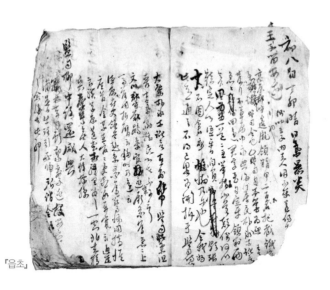

『읍초』

## 해월의 전쟁일기, 『읍초』

『읍초泣草』는 임진왜란이 일어난 그해 함경도에서 왕자를 호
종하면서 기록한 전쟁일기이다. 선조宣祖는 임란이 일어나자 15
일(4월 28일) 만에 조정 대신들의 뜻에 따라 17세였던 둘째 왕자 광
해군光海君을 세자로 책봉하였다. 첫째 왕자 임해군臨海君이 아닌
광해군을 세자로 급히 책봉한 데는 여러 가지 이유가 있겠지만,
전쟁으로 인해 왕이 유고가 있을 것에 대비하여 후사를 미리 책
봉함으로써 민심을 안정시키기 위함일 것이다.

그해 6월에 민심을 안정시키고 군사를 모아 왜적에 대항하

기 위해 임해군과 순화군은 함경도로, 세자가 된 광해군은 평안
도平安道로 갔다. 북쪽으로 진격하던 가토 기요마사(加藤清正)의 군
대에 쫓기게 된 임해군 일행은 함경도 회령까지 도망갔지만, 결
국 민심을 얻지 못한 임해군은 백성들에 의해 묶여 왜군에게 넘
겨지게 되었다. 당시 해월은 임해군 일행들과 함께 덕원부德原府,
문천군文川郡, 고원부高原府, 영흥부永興府 등으로 이동하며 두 왕
자를 호종하거나 전장에 나아가 작전 참모 역할을 하였다. 물론
포로가 된 두 왕자와 일행들이 풀려나긴 했지만, 해월은 왕자를
호종하며 겪었던 일상들과 백성들에 의해 왜군에게 포로가 된 두
왕자의 참혹한 현실을『읍초』에 그대로 기록하였다.

## 동명의 사행일기, 『서정록』

『서정록西征錄』은 1620년에 동명이 주문사奏聞使로서 요동遼
東을 다녀오면서 기록한 사행일기이다. 1619년 조선과 명나라가
연합하여 만주의 심하深河 부차富車에서 후금의 군대와 싸우다가
패배한 심하深河 전투에서 강홍립姜弘立이 후금後金의 군대에 투항
한 이후부터 요동의 각 아문은 조선을 더욱 의심하게 되었다. 여
기에다 급고사急告使 해봉海峰 홍명원洪命元(1573~1623)이 명明에서
조선으로 보내고자 했던 조사詔使 고출高出의 조선행을 저지하자,
조선에 대한 명나라의 의혹은 더욱더 커져만 갔다. 결국 조선은

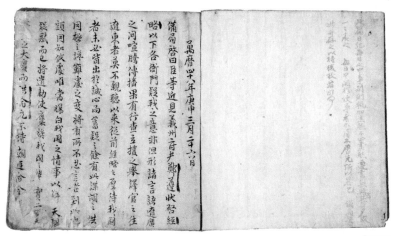

이러한 소원한 관계를 해소하기 위해 황중윤을 주문사로 명에 보내 홍명원의 행동이 조선의 본심이 아니라는 것을 알려 명의 의심을 풀고 국교를 정상화하기 위해 노력하였다. 사행의 출발부터 귀국까지 거의 매일을 기록한 전형적인 사행일기이지만, 자신이 직접 접한 다양한 명나라의 문화와 새로운 문물을 그대로 기록하고 있어 당시 상황을 이해하는 데 가치 있는 자료이다.

### 동명의 유배일기, 『남천록』

『남천록南遷錄』은 동명이 1623년 3월 13일부터 5월 22일까지

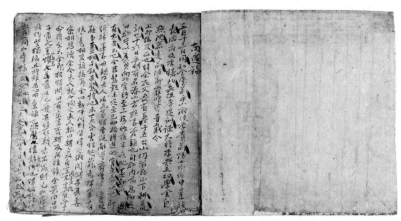

『남천록』

약 70여 일 동안 해남海南에 유배를 가면서 기록한 유배일기인데, 전체 36면 분량의 필사본이다. 그는 1623년 인조 즉위 후, 광해군의 추종세력이었으며 1621년 중국과의 외교를 단절하고 오랑캐와의 통호通好를 주장하였다는 죄목으로 인해 사헌부와 사간원의 탄핵을 받아 결국 해남으로 유배를 가게 되었다. 일기에는 김류金瑬(1571~1648), 이귀李貴(1557~1633) 등 인조반정에 가담했던 인물들을 구체적으로 언급하였고, 반정 당시에 자신은 부친상을 치른 후 오대산五臺山에 성묘를 갔기 때문에 반정에 참여할 수 없었다는 등 자신이 유배를 가게 된 일련의 배경과 유배 시 현장에서 겪었던 갖가지 일들이 기록되어 있다. 결국 그는 정온의 소청으로 풀려나긴 했지만, 1637년 1월에 인조가 남한산성에서 청나라에 항복했다는 소식을 듣고 비분하여 절에 은거하면서 여생을 마쳤다.

### 동명의 창작소설, 『삼황연의』·『일사』·「천군기」

『삼황연의三皇演義』는 동명이 창작한 필사본 한문소설로서 「천군기天君紀」·「사대기四代紀」·「옥황기玉皇紀」 등 세 편의 한문소설이 모두 수록된 성책류이다. 책의 표제에 「사대기」·「옥황기」만 적혀 있고 「천군기」는 적혀 있지 않은데, 실제 본문 내용에는 행서체의 필사로 세 작품이 모두 수록되어 있다.

『삼황연의』

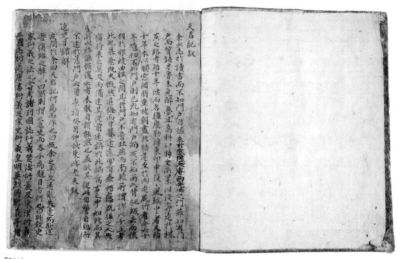

『일사』

　『일사逸史』는 표제에 「천군기」·「사대기」·「옥황기」 등 세 작품이 모두 적혀 있고, 내용의 첫 면에도 『삼황연의』에 실려 있지 않았던 「천군기서天君紀敍」가 있다. 책의 장정裝幀이 『삼황연의』에 비해 수려할 뿐만 아니라, 글씨 역시 행서체로 반듯하게 기록되어 있다.

　이 세 작품의 창작 시기를 정확히 알 수 있는 단서는 없다. 하지만 세 작품 모두 유배 시기였던 40대 후반부터 하세下世 시기인 70대 초반 사이에 창작되었을 것으로 짐작해 볼 수 있다. 「천군기」는 충신형 인물과 간신형 인물이 서로 대립하며 사건이 전개된다. 유학에서 말하는 인욕을 극복하고 천리를 회복하는 과정이며 많은 갈등을 겪으면서도 평정심을 유지하려고 꾸준히 노력하는 조선시대 사대부들의 일반적인 자기성찰의 모습이 잘 그려져 있다.

「사대기」는 사계四季(봄·여름·가을·겨울)를 원元·하夏·상商·연燕나라에 비유하며 계절의 순환에 따라 변화하는 자연 현상을 13명의 황제가 그때마다 교체되며 등극하는 역사에 비유한 전형적인 의인소설擬人小說이다.「옥황기」는 중국 고대의 전설적인 성인이었던 유소씨有巢氏와 수인씨燧人氏로부터 명나라의 태조太祖·태종太宗에 이르기까지 왕이나 충신·학자 등 다양한 계층의 인물과 신선과 깊이 관련이 있었던 인물들의 역사적 사실들이 옥황상제가 명령하고 조정하여 이루어지는 것으로 그려져 있다.

# 제4장 종가의 제례와 건축문화

# 1. 종가의 연중 제례

　　예나 지금이나 종가의 주손胄孫은 자신을 다른 사람들에게
소개할 때, 반드시 본인을 '종손宗孫'이라고 표현하지 않고 '저
는 ○○대 봉사손奉祀孫입니다'라고 소개한다. 종손이라고 소개
하면 될 텐데, 굳이 왜 이렇게 표현했을까? 이는 종가에서 가장
중요하게 여기는 것이 다름 아닌 '봉제사奉祭祀'요 '접빈객接賓
客'이기 때문일 것이다. 두 가지 소임 중에 제사를 으뜸으로 친
다. 이러한 데는 여러 가지 이유가 있겠지만 아마도 시대적 이데
올로기에서 비롯되었을 것이다.

　　조선이 수백 년 동안 왕조를 지탱할 수 있었던 근간이 된 가
장 기본적인 이데올로기는 바로 유교儒敎이다. 유교의 다양한 경

전에서는 효의 실천을 강조하였다. 우리 선인들은 유교의 다양한 학문 이론 가운데 하나인 '효제孝悌'를 실천하기 위해서 자신의 몸을 손상해 가면서까지 부모를 봉양하였다. 부모가 살아 있을 때는 혼정신성昏定晨省의 정성을 다했고, 부모가 돌아가시면 추원보본追遠報本의 예를 몸소 실천했다. 현재 우리나라의 일반적인 사람이면 누구든 실천하는 의식이라 할 수 있다.

특히 대부분의 불천위 종가는 일반 사가私家와는 다르게 지난 수백 년 동안 이어져 온 제례를 그대로 실행하고 있는 편이다. 물론 20세기 서구의 자본주의 문명이 도래하면서 시대의 변화와 사회적 환경이 종가 제례문화에 많은 변화를 초래한 점이 없지는 않다. 하지만 그 근간을 흔드는 데까지는 아직 이르지 않은 듯하다. 한편 예는 시대와 환경에 따라 변화해야 한다는 것이 유가의 법도이다. 그래서 지난날 농경사회에서 행했던 제례는 오늘날 산업사회에서는 시대에 맞는 제례로, 변화하지 않을 수 없게 되었다.

오늘날 종가를 경영하는 데 있어서 가장 큰 현실문제로 대두하는 것이 바로 경제적인 문제이다. 우선 대부분의 종가는 다양한 양식의 많은 건조물을 소유하고 있다. 이러한 건조물은 대부분 전통한옥이므로 이를 유지하기 위해서는 많은 재원이 필요하다. 그리고 수시로 내방하는 손님의 접대 또한 만만치 않은 일이다. 그냥 접대하는 정도가 아니라, 거의 생업을 포기하고 이 일에

만 매여야 할 정도이다. 또한 연중 행해지는 제례는 명절 및 묘사를 제외하고 지내는 기제사만 해도 적게는 보통 10회 이상은 될 것이다.

지금 시대에 농업만으로 종가의 살림을 유지하는 데는 턱없이 부족하다. 그래서 현실을 직시할 수밖에 없었던 의식 있는 종손들은 안이하게 현실에 대응할 수 없었다. 그들 대부분은 종가를 떠나 도회지로 나가 자신의 능력에 부응하는 생업에 뛰어들 수밖에 없었다. 다행스러운 것은 복잡하고 바쁜 현실 속에서도 종손이라는 숙명적 입장을 수용하고, 자신의 현실을 외면하거나 팽개치지 않고 늘 마음속에 담아 실천하려고 노력하였다는 점이다. 오늘날 돌아가신 선조를 위한 봉사는 차치하고 살아계신 부모조차 봉양하지 않고 내다 버리는 우리의 현실 속에서 시사하는 바가 자못 크다. 그렇다면 어려운 시대적 환경 속에서도 종가의 정신문화와 그 문화원형이 유지될 수 있었던 매개체는 무엇이었을까?

매개체를 찾자면 그것은 바로 불천위 선조에 대한 존숭尊崇이다. 어쩌면 하나의 자기신앙에 가까울 것이다. 해월종가 역시 이러한 것에서 예외일 수는 없었다. 해월가는 영남의 대표적인 불천위 종가 중의 한 가문이다. 13대 종손은 급변하는 시대적 현실에 순응하면서도 지켜야 할 접빈接賓, 봉사奉祀와 종가에서 소유하고 있는 다양한 문화원형을 매우 잘 수호하고 있는 편이다.

## 해월종가 제례

| 성격 | | 忌日時 | 祭廳 | 비고 |
|---|---|---|---|---|
| 不遷位祭祀 | | 음력 4월 1일 새벽 1시 | 해월헌 대청 | |
| 忌祭祀 | 高祖 | 음력 3월 16일 새벽 1시 | 정침 내청 | 지금은 객지에서<br>次奉祀孫이<br>行祀 |
| | 高祖妣 | 음력 11월 17일 새벽 1시 | 정침 내청 | |
| | 曾祖 | 음력 3월 17일 새벽 1시 | 정침 내청 | |
| | 曾祖妣 | 음력 12월 22일 새벽 1시 | 정침 내청 | |
| | 祖考 | 음력 10월 3일 새벽 1시 | 정침 내청 | |
| | 祖考妣 | 음력 11월 21일 새벽 1시 | 정침 내청 | |
| | 考 | 음력 7월 28일 새벽 1시 | 정침 내청 | |
| | 考妣 | 음력 12월 24일 새벽 1시 | 정침 내청 | |
| 茶祀 | 설 | 음력 1월 1일 13시 | 종가 사당 | 지금은 不祀 |
| | 추석 | 음력 8월 15일 13시 | 종가 사당 | |
| 墓祀 | | 음력 10月中 | 선영 | |
| 享祀 | | 음력 2월 中丁日 10시 | 明溪書院 | |

물론 젊은 시절에는 외지에 나가 생업에 종사하긴 했지만, 종손
으로서 행해야 할 각종 의식을 빠짐없이 실천했다. 지금부터 해
월종가에서 행하는 각종 제례 의식을 살펴보자.

　　해월종가는 여느 불천위 종가와 마찬가지로 불천위 제사, 기

제사, 차사茶祀, 묘사墓祀 등을 봉사한다. 불천위 제사는 음력 4월 1일이며 새벽 1시에 해월헌에서 해월 황여일의 원위原位와 배위로 초비初妃 의성김씨와 계비繼妃 완산이씨의 신주 등 세 위를 합사合祀하여 모신다.

그리고 기제사는 사대봉사四代奉祀를 하는데, 고조위·고조비위 양위, 증조위·증조비위 양위, 조고위·조비위 양위, 고위·비위 양위 등 모두 여덟 차례 제사를 모신다. 현재 기제사는 종가에서 신주를 출주하여 제사를 지내지 않고, 경주에서 살고 있는 차종손이 지방紙榜을 써서 경주에서 직접 제사를 지낸다. 차사는 설날과 추석에 지냈으나 몇 년 전부터 지내지 않고 있으며, 묘사는 음력 10월에 지낸다.

# 2. 불천위 제사의 절차

　　해월종가의 사당에는 황여일의 신주와 비위 두 위, 그리고 현 종손의 고조, 증조, 조고, 선고 등의 사대四代 내외의 신주가 모셔져 있다. 사당의 규모는 사주문 한 칸과 신주를 모서 놓은 세 칸 규모의 가묘가 있다. 불천위만을 모시는 사당을 별도로 두지 않았지만, 한 공간에 불천위 감실과 그 외 4대 내외분의 신주를 모시는 두 공간으로 구획하여 봉안하고 있다. 사당은 내부 제일 좌측 높은 자리에 감실을 두어 불천위 신주를 모시고, 그 오른쪽으로 별도의 한 공간 안에 문을 달리하여 고조위, 증조위, 조위, 고위를 모시고 있는 형태이다.

　　해월의 기일룜日은 음력 4월 1일이고, 초비 의성김씨의 기일

가묘 내 감실

해월종가 불천위 신주

은 음력 6월 12일이며, 계비 완산이씨의 기일은 음력 12월 27일이다. 제사는 원위原位와 배위配位의 제사를 각각 지내지 않고, 해월의 제사가 있는 날 새벽 1시에 해월의 신주와 배위 두 신주를 함께 해월헌 대청에 출주하여 합사合祀를 한다.

## 제사 준비

불천위 제사에 필요한 제수 비용은 종가에서 일체 부담한다. 그리고 제수는 별도 유사를 두지 않고 현 종손과 종부, 그리고 차종손이 직접 시장에서 준비한다. 제수는 한 번에 일괄로 구입하지 않는다. 불천위 입제일이 가까워지면 종손과 종부는 필요한 제수를 며칠 전부터 꼼꼼히 기록하여 영해장이나 평해장에서 구입한다. 예나 지금이나 영해장과 평해장은 물산이 풍부하고 저렴하여 많이 애용하는 편이라고 한다.

불천위 입제일이 되면 종손과 종부, 그리고 문중의 일족들이 함께 제사 준비를 하게 되는데, 남성과 여성은 일의 성격에 따라 그 소임을 맡아 수행한다. 입제일이 되면 문중의 구성원들이 대구, 안동, 의성, 영덕, 영양 등 각지에서 하나 둘 모이기 시작한다. 종손을 비롯하여 집안의 남성들은 사당, 제청, 사랑채의 소지掃地 등을 비롯하여 제청祭廳에 제상, 교의, 병풍 등 제사를 지낼 수 있는 용품을 준비한다. 그리고 제사에 필요한 제수의 조리와 제복

제수 준비

은 대부분 종부를 비롯하여 일가 여성들이 준비한다. 물론 조리된 제수 가운데 부피가 큰 것, 예컨대 떡류·고기류 등을 제기에 괴는 일은 남성들이 정성껏 준비한다.

저녁이 되면, 종손을 중심으로 모든 제관들이 사랑채에 모인다. 모인 자리에서 집사執事를 분정하고 축문祝文도 쓴다. 집사분정은 초헌初獻·아헌亞獻·종헌終獻 등 세 명의 헌관獻官을 우선 선정한다. 축관祝官 1인, 헌작할 제주를 맡은 사준司罇 1인, 홀기를 읽는 찬자贊者 1인, 축문을 읽는 축관祝官 1인 등으로 집사를 구성한다.

지금은 예전에 비해 제관의 수가 많이 줄어든 편이다. 몇 년 전만 해도 참여하는 제관의 수가 많았지만, 근래에는 참여하는 제관의 수가 약 20여 명 정도에 불과하다. 대부분 문중 사람이며 가끔 타성이나 외빈이 참사하기도 한다. 제관의 수가 해마다 차츰 줄어드는 현상은 비단 해월가에만 한정된 것은 아닌 듯하다. 이러한 이유는 여러 가지가 있겠지만 기존에 꾸준히 참석했던 제관들이 나이가 연로하여 참석할 수 없고, 새벽에 제사를 지내다 보니 젊은 종원들이 참여하기를 기피하기 때문일 것이다.

## 제청 마련

새벽 1시에 제사 의식이 거행되지만, 이미 11시쯤부터 준비에 부산하다. 제청은 해월헌 대청마루이다. 물론 정침에서는 모든 제수의 준비가 초저녁에 끝난 상태이다. 깨끗하게 청소한 대청마루에 종손을 중심으로 남성들이 병풍, 제상祭床, 교의交椅, 향로香爐, 향합香盒, 촛대燭臺, 향로대香爐臺, 축판祝板 등을 제례에 맞춰 정위치에 비치한다.

밤 11시 반경 종택 정침에 병풍을 펴는 것이 제청 마련의 시작이다. 원래 불천위 제사에 사용했던 병풍은 수년 전에 도난을 당하여 지금은 새로운 병풍을 이용하고 있다.

병풍 앞에는 신주를 앉힐 교의가 두 벌 놓여 있다. 왼쪽은 원

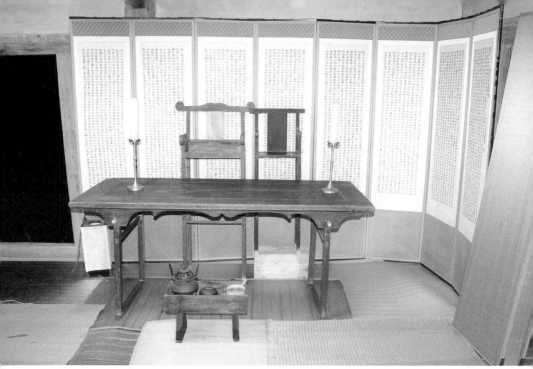

제청 전경

위의 신주를 놓을 교의이며 오른쪽은 초비 의성김씨와 계비 완산
이씨 양위를 놓을 교의이다. 교의 앞에는 제수를 진설할 제상祭床
을 놓고, 그 위에는 양쪽으로 촛대(燭臺)를 놓았다. 제상 앞 중앙
에는 향안香案이 있다. 그 위에는 향로香爐와 향합香盒, 그리고 모
사기茅沙器가 있다.

### 제상에 제물을 올리다: 진설

불천위 제사에서 제수를 장만하는 것만큼 진설陳設에도 세

심한 정성을 쏟는다. 그래서 진설 시에는 많은 제관들이 직접 참여한다. 젊은 제관들은 정침에 준비되어 있는 제수를 제청으로 옮기는 일을 하고, 연로한 제관은 제청으로 옮겨 온 제수를 제상에 손수 진설하는 일을 맡는다.

우선 촛대가 마련된 제상에 도적都炙과 편을 먼저 올린다. 제상 위쪽의 왼쪽에는 구운 고기·게·닭 등을 쌓은 도적과 구운 생선, 그리고 익힌 문어를, 오른쪽에는 떡을 쌓은 편을 둔다. 편과 도적은 하얀 한지로 겉을 싼 채 제상에 올린다. 그리고 제상 첫 줄 왼쪽부터 대추(棗), 밤(栗), 배, 감(곶감), 잣, 호두, 은행, 땅콩, 다식, 사과, 참외, 유과, 수박 등의 순서로 진설한다.

수박은 상·하면과 측 4면을 조금씩 자른 채 한 통을 그대로 올린다. 배와 사과는 각각 9과씩 올리고 상·하면 혹은 측 4면을 조금씩 잘라내어 서로 흐트러지지 않게 쌓는다. 잣, 호두, 은행 등 과일을 보조하는 조과造菓(유과·약과)는 제기의 모양대로 둥글납작하게 한 것을 한 층으로 하여 겹겹이 쌓아올려 과일의 개체가 흐트러짐 없이 가지런하다. 조과는 각 층뿐만 아니라 쌓은 전체의 모습에서 균형과 함께 시각적인 아름다움도 유지한다.

과일 뒷줄에는 5탕이 위치한다. 탕은 국물보다 건더기가 많은 음식으로 소탕素湯·육탕肉湯·어탕魚湯·채탕菜湯·계탕鷄湯을 때에 맞는 좋은 재료를 사용하여 올린다. 탕을 담은 5개의 제기는 모두 같은 크기이며 각각 뚜껑을 덮어 준비한다. 탕과 같은

제수 진설

열에 좌우로 촛대를 둔다.

탕 뒷줄에는 왼쪽부터 나물 1그릇, 시접 3매, 나물 2그릇을 놓는다. 나물은 고사리·도라지·미나리 등 6색 숙채熟菜를 쓰는데, 색의 조화를 고려하여 한 그릇에 담아 뚜껑을 덮는다.

나물 뒷줄에는 나박김치, 마른 김, 간장을 두는데, 작은 그릇을 사용하기 때문에 윗줄에 위치할 면과 잔 사이에 가게 된다. 나박김치 뒷줄에는 메(飯, 밥), 갱羹(국), 면麵, 술잔이 있다. 세 벌의 메와 갱을 나란히 제상의 위쪽에 두고 그 앞으로 면과 술잔을 둔다. 메, 갱, 면, 술잔이 하나가 되어 한 분의 신위에 올린다. 메, 갱, 면은 뚜껑을 덮어 두고 왼쪽에서 세 번째 메 앞으로 밥식해를 올린다. 동해안의 겨울철 별미인 밥식해는 세 신위의 수대로 진설하지 않고 한 그릇만 진설한다.

### 사당에서 신주를 모셔 오다: 출주

해월종가의 불천위 제사에 옛날에는 창홀唱笏이 있었으나 지금은 생략하고 집례執禮가 직접 제사를 주재한다. 창홀이란 집례가 홀기를 읽는 것을 말하는데, 의식을 진행하는 진행자를 집례執禮, 의식의 진행 순서를 홀기笏記라고 한다. 진설이 완성되면 사당으로 가서 신주를 모셔 오는 출주出主 의식을 거행한다. 봉사손인 종손(초헌관)은 축관, 좌집사와 함께 사당으로 간다. 사당에

今以
顯先祖考 贈嘉善大夫吏曹參判兼同知 經筵義禁府春秋
館成均館事弘文館提學藝文館提學 世子左副賓
客行通政大夫工曹參議知 製教府君逮諱之辰敢請
顯先祖考
顯先祖妣淑夫人 贈貞夫人金氏神主出就正寢恭伸追慕

출주고사

신주 출주

는 세 개의 문이 있는데 신주를 출주 입주할 때 주인만 중문으로 출입하고, 예필 입주 후에는 주인도 어느 제관과 함께 항상 오른쪽 문으로 출입해야 한다. 사당 안으로 들어가 다리가 높은 고족상 위에 놓인 감실 앞에 서면 고족상 아래에 둔 향안을 꺼낸다.

초헌관이 두 번 절을 하고 꿇어앉아 분향을 하면, 축관은 출주고사出主告辭를 고한다. 의식이 끝나면 종손은 향로를 제자리에 넣어 두고 감실龕室의 문을 연다. 감실 내부에 모셔진 원위의 주독主櫝은 주인이, 비위의 주독은 축관이 안고, 사당의 중문을 통해 나와 제청으로 향한다. 주독을 안지 않은 좌집사는 들어올 때와 같이 사당의 동문으로 나간다. 주독을 모신 주인과 축관은 정침의 대문이 아닌 동쪽에 있는 협문으로 들어간다.

제청으로 신주가 들어오면, 모든 제관은 제청에서 내려와 예를 갖춰 신주를 맞는다. 제청에 모시고 온 주독의 독문을 열고(開櫝) 교의에 놓는데, 이때 주독이 주위에 부딪치지 않도록 세심하게 주의를 기울인다. 개독 후, 신주를 덮고 있는 도자韜藉를 벗긴다. 그리고 진설한 제수 가운데 뚜껑이 덮인 것을 모두 열고 나면, 신주 출주에 참여한 제관들은 각자 분정한 위치로 돌아간다.

### 신위에게 인사를 드리다: 참신과 강신

초헌관 · 축관 · 좌집사가 제자리로 돌아오면 신위에 인사드리는 참신參神을 행한다. 참신은 모든 참사자가 자신의 자리에서 신위를 향해 두 번 절을 하는 예이다. 참신을 마치고 초헌관은 신위 앞으로 나간다. 초헌관이 향안을 앞에 두고 꿇어앉고, 좌집사는 축판 옆으로, 우집사는 주가 옆으로 자리를 잡는다.

좌집사는 고위 앞의 술잔을 주인에게 건넨다. 주가 옆에 있던 우집사는 꿇어앉아 주인이 들고 있는 빈 술잔을 채운다. 채운 잔을 받은 초헌관은 향 위로 세 번 둥글게 돌리고 모사기에 세 번에 나누어 붓는데, 이를 뇌주酹酒라고 한다. 주인이 빈 술잔을 좌집사에게 되돌려 준 후 두 번 절을 하는 것으로 강신례가 끝난다. 향을 피워 하늘의 '혼魂'을 부르는 분향과 술을 부어 땅의 '백魄'을 부르는 뇌주를 '강신降神'이라 한다.

## 잔을 올리다: 초헌, 아헌, 종헌

참신과 강신으로 신을 모시고 나면, 제주를 올리는 초헌初獻, 아헌亞獻, 종헌終獻의 예를 행한다. 초헌관이 첫 번째로 술을 올리는 초헌의 예를 거행한다. 초헌은 종손이 주관한다. 강신을 마친 초헌관이 다시 신위 앞에 꿇어앉으면 좌집사는 제상의 왼쪽에 놓인 고위 앞의 술잔을 주인에게 건네고 우집사는 잔을 채운다. 주인이 잔을 다시 좌집사에게 전하면 좌집사는 술잔을 제자리로 돌려놓는다. 이를 헌작獻爵이라 한다. 그렇게 나머지 두 분 신위 앞

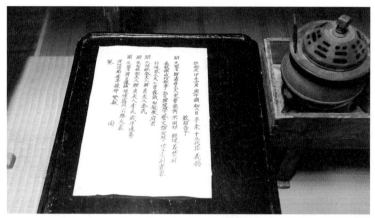

축문

의 술잔도 반복한다. 해월종택에서는 초헌관이 헌작을 한 다음 안주용 고기를 올리는 진적進炙은 생략한다.

　세 신위의 술잔에 술이 채워지면 축관은 주인의 왼쪽에 마련된 축판 앞으로 나와 꿇어앉는다. 주인을 비롯한 참사자들 모두가 부복하여 대기하고 축관은 축문祝文을 읽는데 이를 독축讀祝이라 한다.

　　　유세차 갑오년 4월 경오 초 2일 신미에 13대 효손 의석이

　　　　　감히

　　　선조고 증가선대부이조참판겸동지경연의금부

　　　춘추관성균관사홍문관제학예문관제학세자좌부빈객행통정대부

공조참의지제교 부군과

선조비 숙부인증정부인 김씨와

선조비 숙부인증정부인 이씨께 밝게 아룁니다. 해가 바뀌어서

선조고의 기일이 다시 돌아오니, 먼 옛날 일을 추억하고 느끼

어 길이 사모하는 마음을

이길 수가 없습니다.

　　삼가 맑은 술과 여러 가지 음식을 공경히 올리오니

　　흠향하시옵소서.


　　축관의 독축이 끝나면 초헌관과 제관들이 모두 일어난다. 초헌관이 두 번 절을 하고 제자리로 물러간다. 그리고 좌집사와 우집사는 잔을 내려 주가에 있는 퇴주기에 잔을 비우는데 이를 좨주祭酒라고 한다. 이로써 헌작 · 독축 · 재배 순으로 진행된 초헌의 절차가 끝난다.

　　초헌이 마무리되면 두 번째 잔을 올리는 아헌亞獻을 한다. 아헌은 두 번째로 올리는 잔으로 주부가 잔을 올리는데, 종부宗婦가 거행한다. 하지만 해월종가에서는, 기제사에서는 주부主婦(宗婦)가 아헌을 올리지만, 불천위 제사에서는 외빈객이나 문중의 어른이 아헌을 행한다.

　　초헌에 이어서 아헌관이 신위 앞으로 나와 꿇어앉고 헌작을 한다. 헌작을 한 다음 안주용 고기를 올리는 진적進炙을 한다. 좌

집사가 진적을 하면 아헌관은 두 번 절을 올리고 제자리로 돌아간다. 좌집사와 우집사는 술잔을 내려 술을 퇴주기에 비운다. 이로써 헌작·진적·재배의 순으로 진행된 아헌의 절차가 끝난다.

종헌은 마지막으로 잔을 올린다는 뜻이다. 종헌관은 외빈객이나 문중의 어른이 맡는다. 종헌관이 신위 앞에 나와 꿇어앉아 헌작을 하는 등 이후의 진적·재배의 절차는 아헌의 경우와 같다. 하지만 종헌에서는 초헌·아헌과 달리 종헌관이 두 번 절을 하고 난 후 술잔을 비우지 않는다. 해월종택은 아헌과 종헌에서만 진적을 하며, 올린 적炙은 내리지 않는 특징이 있다.

### 신께서 흠향하다: 유식, 합문·계문, 진다

종헌관이 재배 후 자리로 돌아가고 나면 신께 음식을 드시도록 권하는 유식侑食을 행한다. 해월종가는 선대에 이미 바꾼 예법에 따라 종헌관이 술을 조금 더 드시기를 권하는 첨작添酌은 하지 않는다. 곧바로 좌·우 집사가 시접반匙楪盤에서 숟가락을 메에 꽂는데, 숟가락의 오목한 부분이 동쪽으로 향하도록 하고 젓가락은 시접에 가지런히 정리한다. 이를 삽시정저插匙正箸라고 한다.

좌·우집사가 물러나면 제상을 가려 신이 음식을 드시게 하는 합문闔門을 한다. 해월종택은 제청이 정침의 대청이기 때문에 제상 앞을 병풍으로 가린다. 제상을 병풍으로 가리면 모든 참사자가 제자리에서 부복하여 구식경九食頃 동안 기다린다. 축관이 먼저 일어나 식사가 끝났음을 세 번의 기침 소리로 알린다. 구식경이란 신이 아홉 숟가락을 드시는 시간으로, 제사의 엄숙함을 우선으로 생각하는 해월종택의 종손은 종료시간이 빠를 경우 축관에게 여유를 더 갖기를 권한다.

축관의 기침 소리로 참사자들이 일어나면 병풍을 걷는 계문啓門을 한다. 병풍을 걷은 다음 차를 올리는 진다進茶를 행한다. 진다는 식후에 차를 올리는 것인데, 우리나라에서는 숭늉으로 대신한다. 좌·우집사가 국그릇을 내리고 그 자리에 숭늉그릇을 올린다. 숭늉그릇에는 맑은 물에 밥알이 섞여 있는데 메에 꽂힌 숟가락으로 메를 세 번에 나눠 떠서 숭늉그릇에 밥을 말고 숟가락을 숭늉그릇에 걸쳐 놓는다. 좌·우집사가 물러나고 모든 참사자는 서서 상체만 살짝 굽힌 국궁을 한 채 신이 숭늉을 드실 삼식경三食頃 동안 기다린다. 삼식경이란 신이 세 숟가락 드시는 시간으로, 축관이 두 번의 기침 소리로 종료를 알리면 참사자들은 일제히 몸을 편다. 이로써 첨작·삽시정저 순서인 유식과 합문·계문, 진다의 절차가 끝난다.


### 작별 인사를 고하다: 사신

진다의 절차가 끝나면 신에게 작별의 인사를 고하는 사신辭

神을 한다. 좌·우집사가 신위 앞으로 나가 수저를 시접에 되돌려 놓고 제자리로 물러난 다음 모든 참사자가 두 번 절을 함으로써 신에게 작별 인사를 올린다.

주인은 제상 앞으로 나가 축문을 태워 향로에 넣는 분축焚祝을 하고, 좌·우 집사는 밥·갱을 비롯해 열어 두었던 뚜껑을 닫고 술잔을 내려 술을 비우는 퇴주退酒를 한다. 이어서 신주 덮개인 도자韜藉를 신주에 씌우고 신주 독을 덮는다. 주인이 주독을 안고 정침의 동쪽에 있는 협문을 통해 나가서 사당의 중문으로 들어간다. 사당의 불천위 감실에 주독을 안치하고 사당의 동문으로 나온다. 중문中門은 신의 통행길로 신을 모실 때에만 이용하기 때문이다.

주인이 제청으로 돌아오면 제상의 제수를 내리는 철상撤床을 진행한다. 모든 제관들은 둘러앉아 제주로 음복飮福을 하는데, 이로써 모든 제사의 과정이 끝난다.

# 3. 선조의 숨결이 묻은 건축물

## 해월의 누정 건립과 경영

해월의 인생 편력을 보면, 그는 사환기 이전과 이후의 활동 성격이 확연히 다르다. 대과에 급제하여 환로에 나아가기 이전에는 주로 조용한 암자를 찾아다니며 자신의 학문 수학에 몰두하여, 가사나 문중사에 관심을 가질 겨를이 별로 없었던 것으로 보인다. 이에 반해 출사한 이후에는 서울과 평해를 오가며 문중사와 연로한 부모의 봉양에도 세심한 관심을 가지게 되었다. 그의 관심사 가운데 하나가 바로 건조물의 건립이었다. 해월은 환로에 나아간 이후부터 생을 마감하기까지 자신뿐만 아니라, 집안

어른들의 필요에 따라 다양한 기능의 건조물을 건립하였다.

그는 30세에 과거에 급제하여 환로에 나아가 휴가를 얻어 부모와 숙부를 찾아뵙고, 33세에 해월헌을 건립하였다. 그리고 35세 가을에 휴가를 얻어 부모를 찾아뵙고, 그 이듬해 봄에는 집 주변 산골에 축대를 쌓아 대를 만들고 주위에 소나무를 심었다. 또한 3월에는 납량대納凉臺를 쌓고 매화당梅花堂을 건립하였다. 당시 아계 이산해가 이곳에 와서 시를 짓기도 하였다.

그리고 42세에는 강릉江陵의 학동(靑鶴洞)에다 정자를 지었다. 학동은 경관이 빼어나 숙부였던 황응청이 당시 이곳에 머물며 후학을 양성하고 있었다. 그는 숙부에게 편지를 올려 이곳에 정자를 지어 아버지 창주공과 함께 노원桃園을 만들고 싶다는 의사를 표명하였다.

학동에 우거를 정한 것은 북쪽 신야新野에는 여러 훌륭한 어른들이 계시는데, 그 거리가 5~6리 정도입니다. 그리고 남쪽 사곡沙谷에는 여러 벗들이 살고 있는데, 그 거리가 겨우 십여 리 정도 밖에 되지 않습니다. 이곳 산수 역시 풍악楓岳이나 한계寒溪와 거의 흡사합니다. 소생이 집에 가서 아버지와 숙부님을 모시고 와서 도원桃園을 이루고 살면 천만다행한 일이 아니겠습니까.

그는 자신의 바람대로 이곳 학동에다 정자를 지었다. 그러나 정자가 이루어진 후, 그 이듬해 10월 변무辨誣를 위한 진주사 서장관陳奏使書狀官으로 차출되어 아쉽게도 그는 정자에서 향유할 수 있는 기회를 놓치게 되었다. 이에 실기失期의 아쉬움을 토로하는 시를 남겼고, 백사 이항복을 비롯하여 월사 이정구 역시 해월의 원운에 차운하여 주인의 실기를 위로하는 제영시를 남기기도 했다.

또한 43세 때는 울진 온정溫井에 탁청정濯淸亭을 지었다. 그해 2월에 세자시강원사서를 제수받았으나 어버이의 병환으로 사양하였고, 여름에 다시 사간원헌납을 제수받았다. 그리고 잠시 휴가를 내어 어머니를 모시고 울진 온정(現 白巖溫泉)에 온천욕을 갔다. 그곳에 갔다가 곁에 큰 느릅나무 그늘이 너무 좋아서 주위에 축대를 쌓고 소요할 수 있는 공간을 마련하였는데, 그것이 바로 탁청정이다. 그는 이곳의 빼어난 경관을 소재로 팔경시八景詩를 남기기도 하였다.

47세에는 안동의 박곡朴谷에 정자를 지었다. 그 전해 10월에 예천군수를 제수받았고 12월에 임지에 부임하였는데, 당시 예천에 재임하면서 가까운 안동을 자주 출입하였다. 이듬해 봄에 수곡水谷의 서쪽 변두리 깊은 산에서 '박곡朴谷'이라는 경관이 좋은 곳을 찾게 되었다. 그는 박곡의 경관이 울진에 있는 박곡과 너무 흡사하여 이곳에 정자를 건립하였고, 「후박곡기後朴谷記」도

지었다.

> 지형이 평평하여 밭을 조성하기에 충분하고, 아늑하여 집짓기
> 에 충분하고, 전망이 좋아 관조하기에 그만이고, 빼어난 경치
> 는 시를 읊조리기에 충분하다. 땔나무를 할 수 있고, 낚시를 할
> 수 있고, 경관을 즐길 수 있기에 이곳을 소요하며 여생을 보낼
> 만하다.

현재 당시에 지었던 정자의 당호는 알 수 없다. 하지만 해월
은 이곳을 보고 여생을 보낼 만하다고 찬탄할 정도로 경관에 상
당히 매료되었던 것으로 보인다. 그래서 곧바로 정자를 지었고,
박곡의 절경과 자신의 감회를 기문에 잘 표현하고 있다. 이 이후
에도 그는 61세에 청변각淸邊閣을 짓고 기문을 남기기도 했다.

### 해월종택海月宗宅

우리는 일반적으로 해월종가의 당호를 '해월헌海月軒'이라
고 부른다. 종가는 사동리 마을 안쪽의 산기슭에 자리 잡고 있는
데, 종가 주위에는 전통 담장이 둘러져 있고, 담장 밖에는 수령이
꽤 오래된 쭉쭉 뻗은 소나무와 대나무가 종가를 호위하듯 감싸고
있다. 종가의 전체 건조물은 크게 대문채, 정침, 방앗간채, 화장

해월종가 전경

실, 해월헌, 가묘 등 총 6개 동으로 구성되어 있고, 이 가운데 안
채, 해월헌, 사당이 경상북도 문화재자료 제161호로 지정되어 있
으며 그 후에 경상북도 민속문화재 제156호로 변경되었다.

　　종가에 들어서면 1993년에 복원한 대문채를 마주하게 된다.
대문에 들어서면 넓은 마당이 있고, 그 마당을 사이에 두고 서쪽
의 주 생활공간이 되는 '口' 자형 정침은 안채와 사랑채로 구성되
어 있다. 안채는 민도리 홑처마집으로 마루를 중심으로 안방과
상방이 있으며, 양 익사채와 중문간채, 사랑채를 연결하여 전체

적인 규모는 정면 7칸, 측면 6.5칸이다. 지붕의 형태는 안채, 양
익사채, 중문간채가 맞배기와지붕의 연접형태로 구성되어 있고,
사랑채에는 '모고와慕古窩'라고 쓴 작은 현판이 게판되어 있으
며, 지붕은 독립된 팔작기와지붕으로 되어 있다.

　　그리고 동쪽에는 해월헌이 있고, 그 뒤편에 불천위 신주를
모셔 놓은 가묘家廟가 있다. 가묘에는 불천위不遷位로 모셔진 해
월 황여일의 원위와 배위의 위패, 현 종손의 4대가 되는 선친先親,
조부祖父, 증조曾祖, 고조高祖 내외의 위패가 함께 모셔져 있다. 위
패 배치는 불천위 원위와 배위의 위패는 하나의 감실에 모셔져
있고, 4대조는 방을 하나로 하고 문을 4개로 하여 한 공간에 모셔
져 있다.


### 해월헌


　'해월헌海月軒'은 해월이 33세가 되던 1589년 4월에 건립하
였다. 이 정자는 봉시奉侍와 소요逍遙의 목적으로 지어졌다. 다시
말해 부모가 편히 쉴 수 있고, 자신 또한 관직에 있다가 근친覲親
이나 휴가를 받아 집으로 돌아오면 소요할 수 있는 공간으로 사
용하기 위해 지었던 것이다. 이후 퇴락하여 1847년에 다시 고쳐
서 지금의 위치로 이건하였다고 한다.

　　현재는 종가의 별채에 있는 정자인데, 건물의 규모는 정면 4

해월헌 전경

해월헌 편액

칸, 측면 3칸으로, 가운데 두 칸은 마루이고 양쪽 각각 방이 한 칸
씩 있다. 지금은 불천위 제사 때 제청으로 사용하거나 문중 종회
가 있을 때마다 회의 공간으로 이용하고 있다.

　현재 게관되어 있는 편액은 아계 이산해의 친필이다. 아계
는 어릴 적부터 글씨로 이미 유명하였고, 특히 24살 때 명종의 명
을 받아 '경복궁景福宮' 대액大額의 글씨를 썼을 정도로 글씨에 일
가를 이루고 있었다.

　아계와 해월의 인연은 시간을 한참 거슬러 올라간다. 해월
이 과거에 응시했을 때 시관試官이 바로 아계였다. 훗날 아계는
「사동기沙銅記」에서 당시 해월의 시권을 회상하면서 그의 뛰어난
문장을 칭찬하기도 하였다.

> 그리고 2년 뒤 여름에 내한內翰이 형조낭관刑曹郎官이 되어 어
> 버이를 뵈러 왔다가 하루는 나를 방문하였다. 낭관이 을유년
> 에 과거에 급제하였을 때 내가 외람되게 좌주座主로 있었던 터
> 라, 그가 문장에 능한 줄은 이미 알고 있었으나 아직껏 사람은
> 만나보지 못하고 있었다. 그런데 그와 이곳에서 만나 10여 일
> 을 함께 머물면서 서로 흉금을 터놓아 보고는 새삼 그 문장이
> 탁월하고 기량이 굉위宏偉함에 감복하였다. 그런 뒤에야 비로
> 소 굽이쳐 서리고 힘차게 엉긴 기운이 사람에 모인 것이 다른
> 사람에 있는 것이 아니라 낭관에 있음을 알았다. 낭관이 일찍

이 사동산沙銅山 서쪽, 마악馬岳 아래에 집을 지어 어버이를 모실 곳으로 삼았는데, 내가 당에 올라 조망해 보았더니 산은 기이하진 않았으나 빼어나고 아름다웠으며, 골짜기는 그윽하진 않았으나 넓고 길었다. 그리고 지형이 높은 것은 솟아서 산을 이루고 낮은 것은 쓰러져 비탈을 이루며, 깊은 것은 시내를 이루고 우묵한 곳은 두둑을 이루고 있었다. 뿐만 아니라 망망한 대해大海가 항상 침석枕席 아래 있었으며, 어촌의 집들이 백사장 사이로 은은히 비치고 고기잡이배와 갈매기가 포구에 오가고 있었으니, 참으로 빼어난 경관이었다.

해월은 39세 때 형조정랑을 제수받았고, 그해 여름휴가를 받아 부모를 뵈러 왔다가 황보黃堡에 머물고 있던 아계를 직접 가서 뵙고서, 약 10여 일 동안 머물며 그와 학문을 논한 적이 있었다. 그리고 몇 개월이 지난 그해 7월에 아계가 해월헌을 직접 방문하기도 하였다.

해월헌 정자에는 약포 정탁·백사 이항복·상촌 신흠·월사 이정구·오창 박동량·오산 차천로·지봉 이수광·사계沙溪 이영발李英發의 시를 비롯하여 아계 이산해의 시가 걸려 있다. 게판되어 있는 상판시문의 창작자를 보면, 당시 해월이 교유했던 인물의 관계망과 해월가의 위상을 어느 정도 짐작해 볼 수 있다. 창작자들은 대부분 해월과 평소 교유했던 인물들인데, 안동지역에 있는 퇴계의 문인들을 비롯하여 출사하여 서울에서 관직생활을 하며 교유했던 당대 소인騷人으로 시문의 대가들이었다. 상촌이 지은 「해월헌명海月軒銘」을 보자.

| | |
|---|---|
| 달이 바다를 얻었나, | 月得海耶 |
| 바다가 달을 얻었나. | 海得月耶 |
| 비추는 게 더 빛나고, | 照之益光 |
| 받아들임 더 깊어라. | 受之益徹 |
| 주재한 자 그 누구뇨, | 宰者其誰 |
| 주인옹이 그 아닌가. | 維主人翁 |
| 주재한 건 무엇이뇨, | 宰之伊何 |
| 가슴속에 들어 있네. | 在方寸中 |

## 명계서원

명계서원明溪書院은 해월종가에서 그리 멀지 않은 기성면 정명리正明里에 있으며, 대해 황응청과 해월 황여일의 위패가 배향되어 있다. 일설에 의하면, 정명리는 1379년에 태사당太師堂 황서黃瑞가 처음 입향하였는데, 그는 이곳 산세가 바르고(正) 시냇물이 맑게 흘러(明) '정명正明'이라 지명을 지었다고 한다. 서원 앞에는 명계천明溪川(속칭 正明川)이 서쪽에서 흘러 동해로 들어간다.

명계서원

　처음에는 해월의 숙부였던 황응청黃應淸의 학문과 덕행을 기리고 후학을 양성하기 위해 1671년에 향내 유림의 공의로 건립하였다. 그리고 향내 유림에서 해월이 대해에게 학문을 수학하여 학덕을 겸비하였기 때문에 함께 배향하는 것이 당연하다고 하여 1758년 6월 30일에 현 위치로 이건하면서 해월의 위패도 함께 봉안하게 되었다.

　이건移建 시 초헌관을 맡았던 복재復齋 이춘룡李春龍(1701~1770)이 당시 유사의 성명, 서원의 규모 등을 구체적으로 기록하

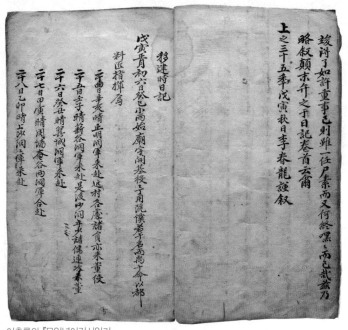

이춘룡의 『무인년이건시일기』

여 『무인년이건시일기戊寅年移建時日記』를 남겼다. 이 일기에는 앞 부분에 복재가 쓴 「이건합향시일기서移建合享時日記敍」가 있다. 그 다음 「이건시일기移建時日記」에는 1월 24일부터 6월 28일까지 당일 의 날씨와 일어난 일들을 꼼꼼하게 기록하였다. 마지막 「참재록參 齋錄」에는 참여한 사람들의 명단을 적어 두었다. 또한 1월의 이건 준비에서부터 7월의 고유 및 향사에 이르기까지의 사역의 구체적 인 내용도 적혀 있다. 서원은 몇 차례의 홍수로 인해 이건하게 되

명계서원 현판

영방루 현판

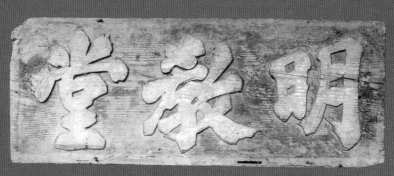

명교당 현판

솔성재 현판

상현사 현판

었고, 이건에 따른 재원은 향내 유림의 부조로 이루어졌다.

　또한 서원의 규모는 예전보다 더욱더 크게 중축하여 문루를 '영방루盈放樓', 강당을 '명교당明敎堂', 동재를 '솔성재率性齋', 서재를 '수도재修道齋'라 하였다. 현판의 글씨는 향내 유림의 공의를 얻어 울진 원남면 매화에 사는 황림篁林 윤사진尹思進이 썼다고 한다.

　현 위치로 옮긴 후에도 몇 차례 중수한 것으로 보인다. 예를 들면, 『면운재집眠雲齋集』에 보면 1793년에 면운재眠雲齋 이주원李周遠(1714~1796)이 명계서원의 묘우廟宇를 중수할 때, 위패를 이안移安하면서 바친 고유문이 있다. 1868년 서원철폐령으로 인해 훼철되었으나, 1881년 그 자리에 강학소를 건립하였다.

　이후 1983년에 강당과 사당을 다시 복원하였는데, 예전 그대로 복원하지는 못하고 규모가 축소되었다. 강당에는 '상교당尚教堂'이라는 현판이 계관되어 있다. 규모는 정면 4칸, 측면 2칸의 팔작기와집으로 3량 구조에 홑처마로 되어 있고, 중앙의 2칸은 마루이며 좌우에 방이 있다. 동재와 서재를 별도로 건립하지 않고, 강당의 오른쪽 방을 '독역재讀易齋', 왼쪽 방을 '격치재格致齋'라 하여 각각 동·서재의 역할을 하는 공간으로 삼았다. 그리고 사당은 '덕유사德裕祠'이다. 향사는 매년 음력 2월 중정일中丁日에 치른다.

　명계서원은 평해황씨 두 현조의 위패를 모시는 존현과 강학의 공간이었다. 물론 이 서원이 울진 향내 모든 유림의 공의로 건립된 서원이긴 하지만, 1758년 이건 시 복재가 기록한 일기를 보면 평해황씨 문중에서 이건에 따른 재원의 부조와 제유사諸有司의 소임을 주도적으로 맡았음을 알 수 있다. 해월의 문집 역시 서원을 이건한 지 8년이 되는 1776년에 후손 황상하黃相夏와 이형복李亨福 등이 주도하여 이곳에서 간행하였다.

제5장 **해월가의 종손과 종부**

# 1. 해월가 13대 봉사손이 되다

　　종손의 삶은 개인이 태어나서 선택할 수 있는 것이 아니라, 본태적으로 정해진 숙명적 운명이다. 다시 말해 내가 하기 싫다고 해서 피할 수 있는 것도 아니고, 되고 싶다고 해서 마음대로 될 수 있는 것도 아니다. 자신의 의지와 상관이 없다. 그래서 종손으로 태어나 한평생을 행복하게 살다간 이도 있고, 불행한 삶을 살다간 이도 있다. 지난 전통시대에 대부분의 종가는 경제적으로 여유가 있었고, 종손에게는 많은 권한과 주위의 두터운 신망이 늘 따랐다. 그러나 오늘날의 종손은 지난날부터 계승되어 온 막중한 의무와 책임만이 그들 앞에 고스란히 놓여 있다.

## 13대 봉사손奉祀孫으로 태어나다

내가 해월종가의 현 종손을 처음 뵌 것은 약 20여 년 전쯤으로 기억한다. 당시 대학원에 재학 중이던 나는 혼자 버스를 타고 여행을 떠났다. 목적지는 강릉, 울진, 영해 등이었다. 서울에서 혼자서 버스를 타고 강릉에 가서 여러 곳을 둘러보고, 다시 울진에 있는 몇몇 명소를 들렀다. 그리고 동명 황중윤이 창작한 한문소설을 직접 보고 싶어 해월종가를 방문했다. 당시만 해도 교통편이 좋지 않아 서울에서 해월종가까지 오는데 꼬박 이틀이 걸렸다.

해월종가에 방문하니, 나이가 지긋한 안어른 한 분이 나를 맞았다. 그는 종손은 경주에 살고 있기 때문에 오늘은 만날 수 없고 내일이 공일이니 혹시 올 수도 있다고 했다. 이왕 온 김에 뵙고 갈 요량에 평해 읍내에 있는 한 여관에서 하룻밤을 묵고, 그 다음 날 오전에 다시 방문했다. 때마침 그날 경주에서 오신 종손 황의석을 뵐 수 있었다. 현 종손과의 첫 만남이었다. 공부하는 학생이라고 나를 소개하니, 맑은 웃음으로 친절하게 맞아 주었던 기억이 난다.

예전에 뵈었던 종손의 따뜻한 모습은 지금도 변함이 없다. 근래에 와서는 영종회에 같은 회원으로 자주 뵙는 편이다. 누구를 대하든 간에 그의 모습은 항상 따뜻하고 인자하여 상대방을 편안하게 해 준다. 어려서 아버지와 이별을 하고 홀어머니 슬하

13대 종손 황의석

에서 자라며 많은 어려움을 겪었을 법도 한데, 그런 티가 전혀 나지 않고, 항상 긍정적인 사고와 배려로 평생을 살아오셨다. 가끔 뵐 때면 지난날 과거사를 얘기하면서 어려웠던 가정환경을 말하곤 한다.

해월종가 13대 종손 황의석(77세)은 아버지 황재호黃載昊(1911~?)와 어머니 이차야李次也(1911~2012)와의 사이에서 2남 4녀 중 장남으로 태어났다.

황의석은 학교를 졸업하고 경주에 있는 경주고등학교에 재직하다가, 퇴직 후에 고향으로 돌아와 현재 종가를 수호하고 있다. 오늘날 우리 사회에서 한 문중의 종손으로 살아간다는 것은 여간 어려운 일이 아니다. 특히 어려서 선고를 잃은 그는 우리가 상상할 수 없을 정도로 힘겨운 삶을 살아왔지 않았을까.

왜냐하면 해마다 반복되는 수많은 제사, 늙은 노모와 동생들의 부양, 종가의 건조물 등 그가 챙기지 않을 수 없는 것들이 너무나 많았다. 그래서 늘 마음은 평해에 있는 종가에 있었을 테고, 주말이면 어김없이 경주에서 평해로 왔을 것이다. 남들이 휴가를 떠나면, 종가로 돌아와 어김없이 큰 종가의 구석구석을 손봐야 했을 것이다. 어쩌면 지난 수백 년 동안 종가를 수호했던 종손들과 이를 잘 이어받으면서 21세기를 살아가는 황의석이 있었기에 우리가 향유할 수 있는 다양한 종가문화가 잘 보존되어 오지 않았나 생각한다.

## 선고先考에 대한 어렴풋한 기억들

해월종가는 지난 수세기 동안 몇 차례 시련의 시간들이 있었다. 일제강점기에는 종손의 종중조부 황만영이 종가의 재산을 대부분 독립군 양성을 위해 썼고, 조부 역시 일찍 돌아가셔서 가세가 크게 기울었다. 그러던 차에 그의 아버지마저 한국전쟁에 행방불명이 되었다. 어린 나이에 가화를 겪었으니, 돌아가신 노종부는 물론이거니와 부친을 일찍 잃은 종손 역시 넉넉지 않은 살림에 얼마나 고생했을지 짐작이 된다.

종손 황의석은 예전에 아버지께서 어린 자신에게 해 주신 한
마디 말씀이 어렴풋하게 그저 기억으로만 남아 있다. 그리고 이
제 나이가 들어서야 그 당시 아버지께서 어린 자식에게 말씀하신
그 뜻이 뭔지를 헤아릴 수 있다고 했다.

아마 집집마다 거의가 다 그렇지 싶은데, 아버지는 상당히 엄
한 분이셨다. 엄부였다고 볼 수 있는데, 사실 저한테는 엄부라
고 해도 일찍이 조실부무失父 했거든. 언제 조실부 했는고 하
니, 6·25동란 터졌을 때 내가 나이가 열세 살이었는데, 6·25
동란이 터졌을 때 행방불명되시고, 지금껏 시신도 못 찾았어.
그래서 막연하게 집 나간 지 근 30년이 넘었으니 돌아가셨다
고 인정을 해야 안 되겠나, 그때부터 제사를 지냈지. 6·25동
란이 터진 지 30년 이후부터 아직까지 생사조차 모르니 제사
는 모시고 있제. 건데 뭔가 미련이 남아 아직껏 호적은 그대로
놓아뒀지. 사망신고를 못 하니까. 어른이 돌아가셨다는 게 증
명된다거나 실종신고라도 해서 호적을 삭제시킨다면, 그 다음
호주는 제가 될 것 같고 그렇습니다.

황의석의 아버지 황재호黃載昊는 그의 기억 속에 그저 엄한
아버지로만 남아 있다. 한국전쟁으로 아버지 황재호는 행방불명

해월종가 12대 종손 황재호

이 되었다. 종손이 보여 준 사진 속의 황재호는 호남형의 편안한 모습이다. 당시 열세 살이었던 종손은 아버지가 끌려가시던 날을 생생하게 기억하고 있었다. 그는 열한 살이었던 동생과 함께 누군가에 의해 끌려가는 아버지를 따라갔다. 2층으로 된 건물로 들어가기에 밖에서 한참을 기다렸다. 해 질 녘까지 그 건물에서 나오지 않자, 결국 동생과 투덜대며 집으로 돌아왔다. 그것이 아버지에 대한 마지막 기억이었고, 지금까지 소식이 없었다고 한다.

당시 열세 살이었던 황의석은 아버지가 돌아오실 것이라는 기대감 속에서 어머니 이차야와 함께 30년을 마냥 기다려 왔다. 근래에 들어와서 생사에 대한 소식조차 알 수 없게 되자, 돌아가신 것으로 인정하게 되었고, 그때부터 제사를 지냈다. 전쟁으로 인한 아버지와의 이별이 없었다면, 엄한 아버지로부터 다양한 교육적 시혜를 받았을 것이라는 종손의 말에서 우리는 열세 살밖에 되지 않았던 황의석의 아버지에 대한 그리움과 아쉬움을 잠시 떠올릴 수 있다. 종손은 아버지가 때리거나 큰소리로 야단치는 법은 없었지만 늘 참 무서웠다고 한다.

아버지 황재호가 좀 더 오래 계셨더라면 큰집을 지켜 나가기 위한 교육을 충분히 잘 받았을 테지만, 종손 황의석은 "저게 참 불쌍한 인간이다"라는 아버지의 한마디 말 외에는 어떤 교육도 받지 못했던 것이다.

그때는 어려서 그게 미처 무슨 말인지 몰랐어요. 나이를 먹고 이제 이 집을 지키다 보니, '아하, 이게 그런 뜻으로 말씀을 하신 거구나.' 이걸 느꼈지요. 결국 무슨 뜻인고 하니, 이런 집을 지켜 나가기 위해서 너가 앞으로 장차 커서 죽을 때까지 너가 하고 싶은 대로 하지도 못할 테고, 숱한 고난을 겪으면서 살게 될 것이라는 거죠. 그렇기 때문에 나를 측은히 보시고 '저게 참 불쌍한 인간'이라고 그렇게 말씀하신 거 같애요. 그 한마디 말고 그 이외의 다른 교육은 전혀 없었거든.

그해 어른 연세가 40이었어요. 내한테 그런 말씀을 하셨을 때는 아마 사십 이전일 겁니다. 그쯤 되셨을 때도 벌써 이런 집을 꾸려 나가고 지켜 나가기 위한 그 임무라는 게 무척 어려웠는데, 아버지께서 '내가 겪어 왔던 이 어려움을 너가 커서도 겪어야 하지 않을까' 라고 생각하신 거죠. 이런 뜻으로 아마 얘기했다는 걸 지금 느끼게 돼요. 나이가 많아서 생각을 해 보니까 그게 그런 뜻이구나 하고 알았지.

아버지 황재호는 종손으로 살면서 자신이 겪었던 경험이 곧 어린 아들의 미래 인생이 될 것이라고 여겼던 것이다. 그래서 한 문중의 종손으로서 '종가를 지켜 나가기 위해' 개인 황의석이 아닌 종손 황의석은 자신의 생각대로 마음대로 살지 못할 것이며 자신이 겪었던 고난의 크기만큼 겪을 것이라고 생각하니, 아버지는 한 많은 말을 뒤로하고 단지 "저게 참 불쌍한 인간이다"라는 말만 나왔던 것이다.

### 아버지의 온기, 어머니에게서 느끼다

종손 황의석의 어머니 이차야李次也는 안동 고성이씨 주손가胄孫家에 종녀宗女로 태어났다. 그의 친정 부친은 전통 한학을 수학하여 도산서원·병산서원·소수서원·삼계서원 등의 원장을 역임하신 꼿꼿한 안동의 큰 선비였다. 그리고 그는 안동에 이름 있는 반가의 규수로서 열다섯 꽃다운 나이에 멀리 해월종가로 동갑내기 신랑 해월종가 12대 종손 황재호에게 시집왔다. 오늘날로 치면 중학교 2학년 정도의 철부지 소녀가 되는 셈이다. 물론 어린 나이에 불천위 종가의 종부로 출가했으니, 종부로서의 책무와 역할을 충분히 이해하지도 못했을 테고, 종부로서의 삶이 여간 어려운 일이 아니었을 것이다.

그가 종가로 시집왔을 때, 그가 생각했던 것보다 가정형편이 그리 넉넉하지 않았다. 우선 시종조부 황만영이 대부분의 종가 재산을 독립자금으로 사용하여 가산이 궁핍해졌다. 그리고 시어른이 서른다섯 살, 시모가 서른네 살, 시동생이 각각 열세 살과 열한 살이었는데, 종부가 시집온 지 한 달 만에 시어른조차 고인이 되셨다. 그리고 20대 후반에는 남편의 직장 때문에 서울에서 생활하게 되었다. 당시 시모를 비롯하여 슬하의 6남매와 고인이 된 시동생의 두 딸까지 모두 열한 명의 식솔을 뒷바라지하였다. 그러던 차에 한국전쟁이 발발하자 모든 가족을 거느리고 서울에서 평해로 피난을 왔다.

이차야에게 남편에 대한 기억은 많이 남아 있지 않은 듯하다. 그는 남편과 26년을 함께 살았다. 남편은 그저 손님처럼 왔다 갔다 했고, 성품이 후덕하여 다른 이에게 싫은 소리하는 경우도 없었고 남들과 다투는 일도 거의 없었으며, 과음도 하지 않았다.

12대 종부 이차야

그저 온화한 성품이었다고 회상하였다. 큰 종가에서 남편이 없는 동안 어려웠던 가정환경 속에서도 슬하에 2남 4녀의 자식들을 잘 길렀다. 어려운 가정형편에도 자식들의 교육에 남다른 관심을 가졌다. 큰아들 황의석은 경주고등학교에 재직하다가 1999년에 퇴직하였다. 둘째 아들 황윤석黃允錫은 평해중학교를 졸업시키고 서울로 보냈다. 황윤석은 서울고등학교, 서울대학교를 졸업한 후에 독일로 유학을 갔다 와서 서울대 교수로 재직하다가 정년퇴직을 했다. 종녀였던 따님은 의성 산운에 있는 영천이씨 경정종택의 종부로 출가를 시켰다. 또한 남편과 함께 시동생과 동서 두 분도 행방불명되자, 두 명의 질녀姪女도 슬하에서 길러 출가까지 시켰다.

결국 그녀는 여덟 남매를 무탈하게 잘 키운 셈이다. 황의석은 아버지가 없는 가정환경에서 어머니에게 종가를 유지하고 보전하기 위한 남다른 교육은 별로 받지 않았다고 한다.

안어른이 저를 앞에 앉혀 '네가 앞으로 이 가문을 유지하고 보전하려면 이렇게 해야 한다'는 등의 그런 교육을 한 번도 들은 적이 없었지요. 근데 제가 아주 어렸을 때, 평소 안어른의 행동거지를 보면, 당신은 늘 몸가짐을 단정히 하시고 다른 이에게 어떠한 빈틈도 보이지 않으셨죠. 그래서 종손이 없는 종가에 지손들뿐만이 아니라, 주위 타성들조차도 항상 어머니를 대할 때 조심하셨지요. 바로 그게 어머니께서 저에게 주신 가장 큰 교육이셨죠.

이차야는 안동의 유서 깊은 반가班家의 종녀로 태어나 여성이 갖추어야 할 규범이나 교육을 어렸을 때부터 이미 충분히 받았다. 그는 남편이 없는 상황에서 앞으로 종가의 종손이 될 아들에게 종손으로서 갖추어야 할 기본적인 소양을 교육시키고 싶었을 것이다. 하지만 그는 맏아들에게 주입식 교육을 강요하지 않았다. 그저 바른 행동거지를 자신이 일상생활에서 몸소 보여 주었다. 종손은 어머니의 일거수와 일투족에서 종손으로서 가문을 유지·보전하는 방법을 익혀 나갔던 것이다. 황의석이 "자식은 늘 부모가 하는 걸 보고 따라 하잖아요"라고 말한 것처럼 어머니의 일상 규범은 자신의 삶의 지남指南이 되었다.

> 늘 입버릇처럼 말씀하셨듯이, '언제나 온화하고 부드러운 마음' 그 마음을 항상 가슴속에 담아 한평생을 사셨지요. 그리고 "언제든지 참아라, 무슨 일이든지 화를 내지 말고 참아라"라고 하셨고, 화를 내지 말고 참아야 되는 이유는 "화를 내게 되면 결국 그 화는 화를 낸 본인에게 틀림없이 미칠 테니, 늘 참을 '인忍' 자를 생각해라. 참을 인 자를 세 번만 외고, 세 번만 참을 거 같으면 살인도 면할 수 있다"라고 하셨지요.

그렇다. 우리네 삶 자체도 그렇지만, 특히 종가에는 많은 사람이 출입하고 다양한 일들이 늘 주변에서 일어난다. 그래서 종손의 가장 중요한 덕목이 배려와 용서라고 할 수 있다. 이차야의 가르침은 지극히 평범한 말인 듯하지만, 그 언중에는 종부로서 긴 세월을 살아오면서 익힌 나름대로의 경험이 그대로 녹아 있다. 종손이 없는 종가를 유지하면서 실타래처럼 얽힌 지손들과의 인간적 관계망 속에서 그들과 끊지 않고 꼬이지 않게 관계를 유지하는 것은 여간 어려운 일이 아니었을 것이다. 평소 어머니

의 '온유한 마음' 과 '인내하는 자세' 의 두 가지 말씀은 종손에게
뿐만 아니라, 각박한 현실을 살아가는 우리들에게도 큰 가르침이
된다. 이제 이미 고인이 되었지만, 81세 때 자신의 6남매와 두 질
녀에게 경계의 말씀을 남겼다. 종손은 그것을 가훈처럼 여기고
있다.

> 모든 일에 부지런하고 삼가는 것을 가정의 법도로 삼고, 모든
> 생활에 검소하고 너그러운 것을 가정의 기풍으로 삼아라. 부
> 모님에게 효도하고 동기간에 우애하는 것을 돈독하게 하고,
> 조상에게 제사 지내는 것을 정성 들여 하여라. 남녀가 서로 얼
> 굴을 대하는 예의범절을 엄정히 하고, 어른과 어린이를 대하
> 는 예절을 분별 있게 하라.

8남매를 기르고 큰집을 꾸려 나가며 종부로서 인생을 살았
던 어머니 이차야는 자신의 일상 행동거지로 황의석에게 종손으
로서 살아가는 방법을 보여 주었다. 또한 한 개인으로서, 종손으
로서 인간관계를 풀어 가는 방법을 '온유한 마음' 과 '참음' 이라
는 말씀으로 교육하셨다. 그는 원근에서 청탁하는 사돈지查頓紙
를 도맡아 놓고 쓸 정도로 창작에도 뛰어났다. 그리고 늙어서까
지 독서에 대한 열정이 남달라 우리 고전이나 역사소설에 탐닉하
여, 종손이 주말에 경주에서 올 때면 늘 많은 책을 구입하여 어머

니의 독서열에 부응했다고 한다.

　황의석의 어머니 이차야는 참 대단한 안주인이라는 생각이 든다. 그는 지난 2012년에 102세의 나이로 굴곡 많았던 생을 마감하였다. 언제인지는 잘 모르겠지만, TV를 보다가 황의석이 어머니 상례를 행하는 다큐멘터리를 본 적이 있다. 눈물을 흘리며 어머니를 보내는 그의 모습은 마치 부모를 잃은 어린아이가 슬퍼하는 모습을 보는 듯했다. 일반적인 사람 같으면 어머니가 백수를 했으니 그런 슬픔이 없을 법도 한데, 그의 눈물에는 많은 의미가 담겨 있지 않았을까.

# 2. 21세기에 종손으로 살아가기

## 종가를 경영하며

지난 수세기 동안 인류의 문명은 변화와 발전, 그리고 계승을 거듭하며 다양한 문화원형을 생산하였다. 이는 우리나라의 종가문화도 마찬가지이다. 종가문화는 세계 어떤 문명사에서도 그 유사 사례를 찾아볼 수 없을 정도로 정신문화뿐만이 아니라, 다양한 물질문명을 그 공간에서 계승·발전시켜 왔다. 이러한 문화원형들은 유네스코 세계문화유산에 등재하기에도 충분한 문화재적 자원이 될 수 있다고 생각한다. 지난 수세기 동안 계승되어 온 종가를 경영하는 데는 많은 조건들이 있었다. 그 중심에

선 이가 바로 종손이다.

오늘날 급변하는 자본주의 사회에서 물질의 가치는 무엇보다 중요한 역할을 한다. 우리는 종가라고 하면 으레 많은 부동산을 소유하고 있는 넉넉한 집이라고 쉽게 생각한다. 물론 선대에 특별한 위기나 우환이 없었다면, 어느 정도의 전답을 소유한 편이다. 그렇다고 선조로부터 물려받은 전답이 경제적으로 절대적 가치를 갖는 것은 아니다. 왜냐하면 선대로부터 물려받은 전답은 함부로 매매할 수 있는 것이 아니기 때문이다. 그래서 종가를 원만하게 잘 경영하기 위해서 가장 먼저 현실과 직면하는 문제가 바로 물질적인 어려움이다.

오시는 손님에 대한 대접은 어느 집에나 있는 일이다. 하지만 큰집은 손님이 안면이 없어도, 지나는 걸인이어도 한결같이 대접한다. 종갓집은 물질적 풍요의 유무를 고려하지 않고 무엇이든 나누고 또 차별 없이 나누려는 마음을 기본으로 하는 문턱 없는 집이라고 해도 과언이 아닐 것이다. 개인의 행복을 우선시하고 개인 가정의 안위만을 돌보는 현대사회에서 이러한 전통을 유지하기란 결코 쉬운 일이 아니다. 시대는 바뀌어 예전과 같지 않지만 여전히 종가 혹은 종손이라는 이름에는 그 옛날의 기능과 이미지를 요구하는 것이 지금의 현실이다. "요즘 현재 세상이 돈 아니고는 일이 되어 나가는 게 없으니까"라는 종손의 말처럼 경제적 고충은 현대사회를 살아가는 종손에게 적지 않은 고민거리이다.

요즘 현재 세상이 돈 아니고는 일이 되어 나가는 게 없으니까, 돈이라도 좀 많았으면 좋겠는데, 돈도 없으니 내가 뭘 가지고 이 집을 지켜 나가요? 그러니까 이런 집 주인이 돈 얘기가 나와 가지고는 안 되는데, 돈 안 되고는 안 되니까.

해월종가의 종손 역시 경제적 어려움의 고충에 대해 조심스레 말을 꺼냈다. 집안을 운영하는 데 경제적 문제는 종손에게도 앞으로 해결해야 할 과제였다. 손님을 대접하는 접빈객과 조상을 받드는 봉제사는 종가라고 하면 떠오르는 당연한 일과도 같다. 조상을 받드는 일에는 제사와 벌초 등이 있다. 벌초의 경우, 예전과 같지 않은 생활방식과 달라진 경제관념 때문에 이세는 종손도 '고통'스럽다는 말이 나올 정도로 힘들어졌다. 조상의 뼈를 묻어 놓은 산소를 관리하는 것은 경제적 문제 이외에도 육체적 고충이 따른다고 종손은 말한다.

가장 요즘 누구든지 집집마다 다 느끼겠지만, 우선 온 산천에 묻혀 있는 조상의 뼈, 500년 동안 묻어 온 조상의 뼈, 그거 산소 다니면서 벌초하려고 해 봐요. 옛날에는 살기도 잘 살았으니까 인부를 사 가지고 품값을 주고 이렇게 시킨다든지, 요즘은 상상도 할 수 없지만, 옛날에는 노복들 많았잖아요. 시켜서 일을 해 버리면 해결됐어요. 요즘은 돈을 주고 '어느 산에 벌초를 해 주시오' 해도 거절을 해. 세상이 그만큼 변했어요.

어떤 때는 낫 들고 둘이 가요. 둘이 가서 베는데, 이제 나이 드니까 산에 오르는 게 정말 힘이 들어. 3년 있으면 나도 80이거든. 앞으로 그거는 봐 가면서 대처해야 될 일이고, 그런 게 가장 고통스럽잖아요.

옛날에는 노복을 시켜 벌초를 했지만 지금은 종손이 직접 산소를 다니며 하고 있다. 노복이라는 것이 없어진 현대의 생활방식에서 그 일은 고스란히 종손의 몫이 되었다. 벌초를 맡기고 싶지만 어렵고 더럽고 위험한 일을 기피하는 요즘에는 더욱 하려고 하는 사람도 없다. 따라서 종손은 여든을 앞둔 고령의 몸으로 직접 산소를 찾아다니며 벌초를 하고 있고, 이런 육체적 고충은 그를 더욱더 고통스럽게 한다고 고백한다. 그러나 이러한 고충이 있어도 종손은 자신의 가문과 종손으로서의 임무를 다하려고 노력한다. 그러한 노력은 조상을 받드는 제사에서도 볼 수 있다.

안 변했다고 할 수가 없지. 불천위 제사 지낼 때도 우리가 할머니가 둘이고, 할아버지가 한 분이기 때문에 불천위 제사에, 탕은 각이 5탕, 15탕을 쓴다고 했는데, 내가 10탕을 쓰라고 했거든. 왜 그런고 하니까 초취하고 영감하고는 같이, 우리 기제사도 그렇잖아요. 3탕 쓰고 3채 쓰면 그걸로 합설로 제사 지내는

데, 불천위 제사기 때문에 각이 5탕이나 합설이니까 기제사처럼 그렇게 지내도록 하자. 그래 가지고 그러면은 혼자 계시는 할머니, 고考 한 분 것만 5탕을 없애고 10탕을 써 가지고 그래 합 하도록 하자. 그래 가지고 내가 10탕을 만들도록 했는데, 그것도 힘이 드는가 봐. 그래 가지고 부득이 5탕을 했어. 15탕을 5탕으로 줄였으니까 얼마나 줄였어요. 5채를 3채로 만들어 버렸어. 제물에 대해 많고 적고 한 변동은 없을 수가 없어.

예라는 것은 그 시대에 맞게 생겨난 것이기 때문에 시대의 변화에 따라 법식은 달라질 수 있다. 종손은 불천위 제수에 쓰이는 탕 수에 변화를 수었다. 고위 한 분과 비위 두 분을 모실 때 원래는 한 분에 5탕을 사용했다. 총 15탕을 썼던 것을 10탕으로 바꾸고, 지금은 5탕으로 유지하고 있다. 변화는 종손이 현대사회에서 큰집 운영을 하면서 겪는 고충을 해결하기 위한 하나의 방법이었던 것이다.

옛날에는 종가가 못 살면 보종이라 해서 문중에서 전부 십시일반 쌀을 거둔다든가 뭘 거두어서 종가에 갖다 줬잖아요. 요즘은 전혀 그런 게 없어. 자손이 남보다 더 못해. 그러니까 여느 집과 마찬가지로 이 집이 이름만 아무개 성씨의 종가라는 것뿐이지, 조그만 사삿집이나 이 큰집이나 마찬가지로 보면 돼요. 그런 거를 바라지도 않고, 그 방법 중에 방법이 있다고 할 것 같으면 그 방법을 도출해 내서 이 집을 유지 보수해 나갈 방법이 있으면 좋겠다 하는 바람이지 쉽게 되는 거는 아니잖아요.

종손 황의석은 옛날의 '보종報宗' 에 대한 이야기를 들려주었다. 문중의 지손들이 십시일반 뭐든 거두어 종가에 도움을 주었던 보종은 수고에 대한 보답이면서 동시에 관심이다. 이것은 종가를 유지할 수 있었던 문화라 보아도 무방할 것이다. 큰집을 운영하면서 겪는 경제적·육체적 고충은 어느 종가든 마찬가지이다. 조상을 모시고 뿌리를 지키기 위해 노력하는 종가에 대한 관심과 그러한 관심을 표현하는 보종문화가 현대에 맞게 적용될 수 있다면, 지금의 종손이 갖는 문제에 작은 해결책이라도 될 수 있지 않을까 생각한다.

### 의무만 남아 버린 오늘날 종손의 무게

해월 문중의 구성원들에게 불천위 '황여일' 이라는 휘자諱字에 잠재해 있는 상징성은 제사라는 의식을 통해 추모와 집단정서를 정리하는 구심점 역할을 한다. 제사는 망자이긴 하지만 기억 속에 있던 조상을 부활시키는 장치로, 종손에게 많은 권력을 집

중시키는 효과를 나타내기도 한다. 불천위 '황여일'이 과거와 현재를 연결하는 고리 역할을 한다. 종손은 현재와 미래를 대변하며 불천위 제사를 통해 권력의 정통성과 그들의 하자 없는 연계성을 더욱 부각시킨다.

매년 반복되는 불천위 제사는 훌륭한 업적을 자랑하는 해월의 후손이라는 후광으로 종손에게 이양되었다. 엄숙하게 받드는 신에 대한 의식은 종손의 권위를 키워 주고 권력을 강화해 주는 밑거름이 되었다. 하지만 도저히 넘어설 수 없을 것만 같던 권위와 권력도 변화된 현대사회에서는 그 자취를 감추게 되었다. 종손은 가문에서 권력의 주조종실 역할을 했으나 이제는 묻혀 버린 과거사가 되었다. 종손으로서 가질 수 있었던 대부분의 권한은 변화 속에서 희석되었고, 종손이라는 품위만 간직한 수동적인 위치로 전락하였다.

> 옛날에는 종손이라는 게 사실 권리가 어마어마했어요. "니 이 집에 종손질 할래, 이 고을 수령할래"라고 물으면, 종손한다고 그러지 수령을 안 했어. 그럴 정도로 권한이 컸지. 그렇다고 그 권한을 이용해 약취를 했거나 그런 거는 없지. 어디 여러 사람들이 모인 좌석에 가도, 아무리 연로한 노인들이 있는 자리라 하더라도 윗자리는 언제든지 내 자리라. 그만큼 종손을 주위 사람들이 중하게 여겨 줬다는 얘기지요.

요즘 세상 봅시다. 종손이 무슨 뜻인지도 모르는데, 권한이 하나도 없어. 전부 박탈해 버려. 의무만 알아요. '니 종손이기 때문에 그거 해야 되는데, 왜 안 하노. 그거 해라'고 하지요. 어떤 때 보면 불가항력적 일도 종손에게 미뤄요. 그게 참 괴롭지요.

황의석은 지난날 조부가 그랬고, 아버지가 그랬듯이 종손이 가졌던 권위를 잠시 떠올렸다. 지난날 종손은 문중과 향촌사회에서 일정한 위상을 유지하며 여론을 주도할 수 있는 힘이 있었다. 나이가 많은 노인들이 있는 자리에 가더라도 윗자리는 언제나 종손에게 양보되었다. 그리고 주위 사람들조차도 종손을 소중하게 여겼다. 조상을 모시는 종손은 신과 가까운 위치에 있었기 때문에 일반인은 종손을 우선시하고 존경하는 마음을 행동으로 표현했다. 하지만 시대와 의식의 변화로 종손을 바라보는 시각과 대하는 행동에 존경이 사라져 버린 현실을 종손 황의석은 아쉬워한다. 현대사회는 지난날 종손의 역할이었던 섬김과 나눔의 의무만 한없이 요구한다. 그들이 가졌던 사회적 위상과 그에 따른 권한은 이제 더 이상 찾아보기가 어렵다. 그래서 때론 이러한 현실이 종손으로서의 역할을 행하는 데 상실감에 젖게도 한다.

사람이 보람을 느낀다는 게 무슨 일을 해 놓고 그 주위 사람들이 그것을 긍정적으로 보고 찬사를 하고 칭찬을 하며, "자네

잘했네. 수고했네"라고 하면 보람을 느끼지요. 안 그럽니까.
나는 아무리 어려운 일을 해 나가도 그 보람을 크게 느껴본 적
이 없어요. 그 삶이 그렇게 고달프더라 그런 얘깁니다.

황의석은 많은 어려운 일을 묵묵히 해 나갔지만 누군가의 칭
찬을 기대하고 하지는 않았다. 그저 종손이니까 당연히 해야 할
일로 생각하고 겸허히 받아들였다. 하지만 지난 시간의 기억 속
에는 '고달픔'이라는 마음의 무게가 자리하고 있어 '보람'이라
는 위안을 느껴 볼 겨를조차 없었다는 말이다. 권한은 없고 의무
만 남은 종손의 무게는 현대사회를 살아가면서 겪었을 힘겨움으
로 다가온다.

## 이것만은 지키며 살리라

지난날 선조들이 아름답게 살며 남기신 물질적 · 정신적 흔
적들은 현대를 살아가는 우리들에게 엄청난 가치로 다가온다.
조상을 추모하는 의식은 과거에서 지금의 시간으로 조상을 부활
시켜 구성원의 정통성을 확인시켜 주면서, 동시에 타 구성원들에
게 자신들의 건재함을 과시하는 효과가 있다. 조상이 남겨 놓은
말씀은 집단이 가진 문화적 기억을 찾아내어 이야기의 형태로 가
문의 동질성을 강화한다. 때문에 황의석은 큰집을 운영하면서

겪는 고충과 의무만 남은 종손의 무게를 감당하면서까지 해월 황여일의 정신을 후대에 전하여 종가를 유지하고 싶어한다. 그래서 그는 해월이 남긴 심잠心箴·유계遺戒·유훈遺訓을 해월의 정신으로 여기고 그 자손들에게 전해 주고자 한다.

언제나 항시 글공부를 게을리하지 말고(休忘黃倦工), 폐하지도 잊어버리지도 말고(勿廢勿忘), 늘 생각하고 늘 외워라(常念常誦).

종손은 평범한 내용의 심잠心箴을 소개하였다. '항상 공부를 게을리하지 말고 그만두지도 말며 잊지 말고 끊임없이 생각하고 외우라'는 선조의 당부는 당시 해월이 온축한 학문적 역량에 비하면 그저 지극히 평범한 내용일 뿐이다. 하지만 그만큼 잊지 말고 잘 기억해서 실천하기를 바라는 선조의 바람까지 읽어야 한다는 것이 종손의 생각이다.

또한 황의석은 해월 선조가 아들 동명에게 남긴 유계遺戒를 늘 가슴속에 담아 두었다가 자식들에게 상기시켜 주곤 한다. 화살이 모이는 곳은 피하라는 내용이다. 화살이 모이는 곳이란 많은 사람의 비방을 받는 자리를 말한다. 여기에는 당파의 화가 심했던 시대를 살았던 해월의 사회적 경험이 녹아 있다. 과녁에서 화살이 많이 모이는 자리(射而群矢之所集也)가 있듯이 정치생활을 하면서 사람의 비방을 많이 받는 자리(辭禍有道)가 있으니, 그런

자리를 피해야 온전하게 몸을 보전할 수 있다(辭其的而已矣)는 처세의 방법이다. 살아가면서 경험한 일 가운데 경계할 만한 내용을 짧은 글 속에 압축했다. 끝으로 해월의 유계를 소개했다.

> 부모에게 효도하고 어른을 공경하며(孝親敬長), 친구지간에 믿음을 가지고(信朋友), 종족 간에 돈독하고(敦宗族), 예도를 높여라(崇禮讓). 사람이 살아 나가는 데 어려울 때 서로 돕고(死生相恤), 급하고 어려운 일을 당했을 때는 서로 구하도록 하라(急難相救).

종손은 이것을 누구나 알고 있는 삼강오륜에 있을 법한 사소한 내용이라고 소개하였다. 부모님·어른·친구·종족이라는 나를 둘러싼 인간관계에 대한 처신을 망라하고 있기 때문에 글이 담고 있는 의미는 평범하다. 하지만 쉽게 말은 할 수 있지만 실천하기가 그리 쉬운 일은 아니다. 이렇게 시공時空을 초월하여 해월 종택에 전해지고 있는 정신문화는 종손이 큰집을 지키고 싶어하는 이유가 아닐까.

> 요즘 보면요, 김관용 도지사 자리에 앉은 이후에 사라져 가는 이런 큰집문화, 미풍양속을 유지 보존하기 위해 굉장히 힘을 많이 쓰는 도지사 중에 한 사람이에요. 그 사람한테 바라는 애

기는 어째 예산을 힘을 써서 좀 더 배정을 하면 이보다 좀 쉽게 운영되어 나갈 수 있지 않겠나. 예산을 좀 더 들여서 조금 쉽게 운영해 나갈 수 있는 방법을 강구해서 이런 집을 유지 보수하기 쉽도록 힘을 써 주었으면 하는 게 관에 대한 내 바람이라.

종손은 집안을 유지하고 지키고 싶은 소망이 있다. 훌륭한 정신유산을 간직한 종택에 대한 종손의 애착은 고령의 나이에도 영종회 활동을 하는 것과 같은 꾸준한 노력을 통해서도 알 수 있다. 하지만 앞서 말한 것처럼 고달픔과 괴로움도 있다. 이제 종가의 다양한 문화원형은 종손 개인이나 문중의 소유가 아니다. 따라서 이 시대를 살아가는 모든 이들이 잘 보존할 수 있게 공유해야 한다. 그나마 자신이 할 수 있는 것은 종손으로서 자신의 위치에서 다할 테지만, 범정부 차원의 적절한 도움도 필요하다고 종손은 말한다.

종손 황의석은 젊어서부터 불천위 종가의 봉사손이 되어 살았다. 그런 그에게 직면한 현실은 너무나 냉혹했고 헤쳐 나가야 할 난관은 고스란히 자신의 몫이었다. 그나마 고충과 어려움을 견딜 수 있었던 것은 '의무와 소망'이 있었기 때문이다. 그것은 '그저 이 집을 잘 지켜 나가야 된다'는 것이었다. 종손의 말에는, 그럼에도 불구하고 자신은 해월의 13대 종손이며 종손으로 살아가리라는 의지가 담겨 있다.

## 14대 봉사손이 될 차종손에게

종손 황의석의 슬하에는 1남 1녀의 자식이 있다. 해월종가 14대 봉사손이 될 황윤형黃潤亨(47세)은 대학교를 졸업하고 한국 도로공사에 입사하여 지금은 경주지사에서 근무하고 있다. 물론 지난날 13대 종손이 직면했던 현실보다 환경이 많이 좋아진 편이다. 하지만 향후 불천위 종가의 봉사손이 될 차종손은 어릴 때부터 많은 제약을 받는다. 주거공간, 직업의 선택, 결혼 시 배우자의 선택 등 선택의 기로에서 어느 하나라도 자유로운 것이 없다.

결국 오늘날 우리 사회에서 '종손'이라는 신분은 개인에게 화려한 상징물이라기보다는 평생 동안 짊어져야 할 구속 아닌 구속의 멍에가 된다. 그래서 황의석이 그랬듯이 그의 아들 역시 바쁜 직장생활 속에서 종가와 문중을 늘 마음속에 담아 두지 않을 수 없었을 것이다. 그리하여 제사, 문중의 길흉사吉凶事, 종회宗會 등 각종 의식과 모임이 있을 때마다 늘 경주에서 평해를 오가며 차종손으로서의 맡은 바 소임을 다하고 있다. 황의석은 지난날 자신의 아버지 황재호가 "저게 참 불쌍한 인간이다"라고 자신에게 말했듯이 아들의 이러한 운명이 어떨 때는 안타까울 때가 있다.

황의석은 70대 후반의 나이로 아직은 종가를 돌볼 여력이 있기에 아들에게 큰 짐을 넘겨주지 않고 있다. 여느 노종손들처럼 직장생활에 바쁜 아들을 배려하기 위해 세심한 관심을 갖는 편이다. 그래서 선조들이 남기신 유훈이나 돌아가신 어머니가 남기신 글을 가끔 보여 줄 정도의 가정교육을 행하고 있지, '너 어떻게 하라는 식의 특별한 종손 교육은 강요하지 않는다'고 한다. 그나마 다행스러운 것은 자신이 그랬듯이 아들도 퇴직을 하면 곧바로 종가로 돌아온다고 말을 해서 큰 위안을 삼는다고 했다.

황의석은 아들의 이러한 마음가짐을 늘 든든하게 여기고 있었는데, 다시 한 번 더 아들의 마음 씀씀이에 흐뭇하게 여긴 적이 있었다.

> 자기 조모가 돌아가신 지 얼마 되지 않았는데, 신주를 조주造主하지 못했어. 요즘 옛날처럼 조주하는 데가 거의 없잖아요. 수소문하니까 안동에 딱 한 군데가 있었어. 안어른 초상 치른 후에 삼년상 날 때까지 조주하는 곳을 알아보고 삼년상 난 후에는 내가 늘 '조주해서 사당에 모셔야 된다'고 이런 얘기를 하니까 이놈이 그 얘기를 들었거든. 저가 밖에 직장생활하면서도 '아버지 조주는 어떻게 해야 되냐'고 자꾸 묻더구만. '그래 겨우 알아 가지고 주문 해 놨다'고 하니까, '아버지 저하고 같이 갑시다'라고 했어. 그렇게 만드는 곳이 앞으로는 신주가 없을 거 같애. 그래 신주를 내가 죽으면 우리 내외 신주하고, 지가 죽으면 지 신주 내외하고, 내 손자가 죽으면 내 손주 내외

종손 황의석의 신주 출주

하고, 신주를 7위를 만들었어. 그래 한 번에 만들고, 주독까지
만들고 하니까 조주하는 데 수공이 130만 원이라. 지가 일부러
차를 가지고 들어와서 아비 데리고 안동까지 가서 지 돈 130만
원 내고 찾아왔거든. 그것만 해도 이 집을 지켜야 된다는 임무
라는 게 벌써 자기 머릿속에 들어 있다는 것만도 다행 아닙니
까. 아직까지 직장생활 10년 더 남았어. 그때까지 내가 살아서
이 집 지켜 줘야 돼.

종손은 아들이 바쁜 일상과 직장생활에도 늘 본가를 생각한다는 점을 대견스럽게 여기고 있다. 종가에서 중요한 일 중에 하나가 바로 봉제사이며, 그중에서 사당의 운영은 무엇보다 중요하다. 종손은 아들이 그저 신주 조주에 마음을 쓰고 물질적으로 도움 주는 것에 대해 흡족하게 여겼던 것은 아니다. 바로 차종손이 돌아가신 어머니의 신주를 만들지 못해 고민하는 아버지의 심정을 이미 이해하고 있다는 점을 기특하게 여겼던 것이다.

다시 말해 종가에서 사당이 얼마나 중요한지를 차종손이 알고 있는 것이다. 그저 조주하는 데 필요한 물질적 지원을 해 주는 것에 흐뭇해하는 것이 아니라, 향후 종손이 돌아가시면 이제는 자신의 아들이 이 큰 종가를 경영하는 데 별 무리가 없을 것으로 생각되니 안도할 수 있었던 것이다.

해월종가의 12대 종손 황재호가 어린 아들 황의석에게 그랬듯이, 13대 종손 황의석은 아들 황윤형에게 '종가'라는 큰 짐을 물려주는 것에 대해 왠지 늘 측은하게 여기는 마음이 없지 않았다. 그리고 종손은 차츰 나이가 들면서 자신이 지금껏 지고 왔던 짐을 하나씩 내려서 장성한 아들에게 물려주자니, 미편未便한 마음이 든다. 그는 이제 아들이 장성하여 직장생활을 잘 마무리하고, 퇴직한 후 아들이 노년을 보낼 종가로 돌아올 때까지 해월종가를 잘 수성하기만을 바라고 있다.

# 3. 종부, 내 운명으로 여기리

　　종가의 종손은 타고난 운명이지만, 종부는 반드시 그런 것은 아니다. 다시 말해 종손은 자신이 하기 싫다고 해서 하지 않을 수 없는 반면에, 종부는 어느 정도 선택의 여지가 있다. 내외를 분별했던 전통시대에 종가의 종부는 매우 중요한 역할을 한다. 종가 안채 살림의 경영을 비롯하여 봉제사 접빈객을 실질적으로 챙기는 사람이 바로 종부이기 때문이다.

　　해월종가의 종손 황의석의 초취부인은 김길자金吉子(1941년생)이다. 그는 본관이 의성이며, 경북 봉화 바래미(海底)에 있는 갈천葛川 김희주金熙周(1760~1830)의 자손이다. 그리고 초취부인과 사별한 후, 영해에 세거하고 있던 안성이씨 이정숙李貞淑(1949년생)과

결혼했다. 이정숙은 뵐 때마다 언제나 밝은 얼굴로 손님을 맞으
며, 넉넉한 마음을 가진 전형적인 종부의 품성을 가졌다.

　그녀는 12대 종부 이차야李次也가 살아계실 때, 연로하신 시
모를 정성껏 봉양하였다. 처음 해월종가로 인사를 왔을 때, 이차
야는 이정숙의 마음 씀씀이와 넉넉한 마음에 매료되어 해월종가
의 종부로 출가오기를 적극 바랐던 것으로 보인다.

　처음에는 힘들지 않겠나 했는데 나는 가만히 생각하니까 팔잔
　가 봐요. 오고 싶었어. 이런 집에 주인이 되고 싶었어. 어머니

가 원하시니까 오게 됐는데, 어머니가 종부니까 당신이 백 년 세월 살았던 이야기를 다 해 주시고 돌아가셨는데, 그걸 본받고 그 마음을 받아서 그렇게 어머니만큼 지도 편달해 내겠나 싶으면서도 이 양반이 원하는 대로 오직 이 집을 위해 사는 사람이니까. 남편이 원하는 대로 힘이 들어도 따라 주고 하니까 여기까지 왔는데, 이 양반이 그런 일들에 대해 고맙다고 하는 편이지.

종가에 대해 누구든 그렇게 생각했듯이 이정숙은 불천위 종가에 시집가는 것이 쉽지 않을 것이라고 생각했다. 하지만 종부가 된다는 것에 기대감은 있었다. 그것을 운명 내지는 팔자라고 여겼다. 해월종가로 시집오기 전부터 종가에 대해 관심이 있었고 동경하는 마음이 없지는 않았다. 마치 운명처럼 느껴지는 끌림이 있었고 종부 역시 종택의 안주인이 되고 싶다는 바람도 있었다. 게다가 시어머니의 인정과 사랑도 있었다. 시모이자 12대 종부였던 이차야가 너무나 따뜻하게 맞아 주었다. 이차야는 2012년에 102세의 나이에 숙환으로 세상으로 떠났다. 그는 불천위 종가의 한 종부로서 일제강점기, 8·15광복, 한국전쟁, 냉전의 시대, 산업화 시대 등 질곡의 삶을 살다간 여성이다. 나이 40대에 12대 종손이었던 남편이 행방불명으로 돌아오지 않자, 슬하에 자식뿐만 아니라 질녀까지 부양하며 종가의 큰살림을 이끌었다. 그런 그녀에게 자신의 대를 이어 해월종가의 안채 살림을 맡길 새로운 다음 대의 종부를 맞는다는 것은 여간 중요한 일이 아니었을 텐데, 현 종부를 따뜻하게 맞았다.

이정숙은 종가에 시집와서 늙은 시모를 진심으로 봉양했고, 노종부는 종가의 안채 살림살이에 생소할 수밖에 없는 이정숙을 친절하게 인도하고 가르쳤다. 그런 시모는 2012년에 백수白壽를 넘기고 노환으로 세상을 떠났다. 시집와서 무한 사랑을 주셨던 시모의 죽음은 마치 친정어머니가 돌아가신 듯 이정숙에게 큰 슬픔으로 다가왔다. 시모는 늘 자신의 보이지 않는 버팀목이 되어 주었고, 삶의 지남철指南鐵이 되어 주셨는데, 마지막 가시는 길을 편히 가시게 유가의 예에 맞춰 장례를 준비했다고 한다.

그래서 종손과 함께 예를 다해 시모의 삼년상三年喪을 정성껏 마련했다. 아침과 저녁으로 빈소에 상식(朝夕上食儀)을 갖추었고, 초하루와 보름이면 어김없이 삭망례朔望禮를 행했다. 근래 불천위 종가에서 쉽게 찾아볼 수 없는 종손과 종부의 부모에 대한 효의 실천이 아닌가 생각한다. 노종부를 위해 자신이 직접 준비했던 삼년상은 일반 반가에서 쉽게 경험할 수 없었던 힘든 일상이다. 그래도 이정숙은 자신이 시집와서 시모에게 받았던 은혜에 조금이나마 보답할 수 있어서 마음이 편했다고 한다.

이정숙에게 그런 노종부였고 시모였기에 돌아가신 후에도 늘 생각이 나고, 그리울 때도 있다고 한다. 서툰 음식 솜씨로 열

심히 조리를 하고 나면, 노종부의 숙련된 솜씨로 볼 때면 부족한
점이 반드시 있을 테지만, 늘 호평을 아끼지 않았다.

> 어머니께서 직접 말씀해 주시는 대로 음식이나 묵을 만들더라
> 도 그렇게 만들어 내면 '아이구, 딱 맞게 만들어졌다.' 모든 게
> 하는 것들이 어머님께서 마음에 들어하시는 편이었고, 뭐든지
> 어머님 좋아하는 쪽으로 했지요.

무슨 일을 하든지 시어머니는 종부를 인정했고 그녀의 편이
었다. 종부는 그런 시어머니가 좋았고 더욱 기대에 부응하려 노
력했다. 장에 갈 때면 시어머니가 좋아하는 회膾를 늘 사서 대접
하고, 봄이면 상추겉절이를 해 드렸다고 추억하는 종부의 모습에
는 시어머니에 대한 사랑과 그리움이 묻어 있었다.
종부는 이제 일흔의 나이에도 젊은 차종손과 차종부에게 큰
부담을 주지 않고 제사를 비롯한 접빈의 일상을 매우 긍정적으로
준비하고 있는 편이다.

> 아래(엊그제) 불천위 제사는 안동에서 손님 오시고, 또 타지에
> 우리 같은 집 종손들이 오셔서 헌관도 하고 하니까 그런 손님
> 오시면 모든 것이 갖춰져야 되고 부실하면 안 되니까 신경 쓰
> 이지요. 그런 의식들이 힘은 들지요. 차는 없지, 불천위 제사

를 지내려면, 한 달 전부터 준비해야 되거든. 이 장에 가서 장 봐서 만들어 둬야 되고. 우리 나이에 거의 칠십이 다 되면 편하게 지내고 싶은 거는 있지만, 손님이 오신다 하면 그래도 귀찮다 하는 그런 생각은 없어. '집을 위해 오시니까 손님 맞아야지.' 이런 생각하는 걸 보니까 운명인 것 같애. 이런 집에 손님 오면 반갑고 그래. (하하)

불천위 제사를 모시려면 준비는 한 달 전부터 시작된다. 제사를 받들고 손님을 대접하는 일을 동시에 처리해야 하니 신경 쓸 거리가 한두 가지가 아닐 것이다. 사실 어머니 이차야가 황의석이 젊었을 때부터 그에게 늘 하신 말씀이 있다고 한다. 이차야는 두 아들에게, "자동차는 위험한 물건이니, 운전을 하지 말거라"라고 했다. 두 아들은 어머니의 말씀을 거역할 수 없기에 젊어서부터 직장생활하면서도 운전면허증을 취득하지 않아 불편함을 감내하였고, 지금껏 운전을 하지 못한다고 한다. 오늘날 우리 사회는 모든 환경이 자동차 문화로 이루어졌다. 해월종가와 같이 시골에 살면서 제수를 구입하러 시장에 갈 때면 자동차가 없어 불편하기 짝이 없다고 한다.

그래서 불천위 제사가 있을 때면, 제수를 장만하기 위해 늘 이 시장 저 시장을 다니면서 약 한 달 전부터 준비를 한다고 한다. 이럴 때면 종손은 짜증이 날 법도 한데, 그런 불평은 찾아보기 어렵다. 이런 불편함에도 불구하고 종손과 종부는 직접 대중 교통을 이용하여 제수를 구입한다. 그리고 종부는 묵묵히 직접 제수를 장만하여 제사를 준비하고 찾아오는 손님을 정성껏 대접 한다. 이런 일상들이 힘들긴 하지만 운명이라고 생각하며 자신 의 위안으로 삼는다고 한다.

> 이 양반이 13대 종손으로서 표현은 못해도, 정말로 이런 일들 을 (내가) 하는 걸 대견하게 여기고 마음에 들어 하지요. 안동 에 가게 되면 꼭 함께 가자고 하지. 이제는 나를 꼭 데리고 다 닐라 하고, 매년 한국국학진흥원에서 하는 종가포럼 할 때 꼭 데리고 갈라고 해. 내가 이런 집에 안 오고 편하게 살았다면 그 런 행사에 가서 큰집 주인 종손 종부님들 함께 만날 기회가 있 겠어요. 종손 종부님들이 해월종가에서 왔다고 반갑다고 인사 할 때 흐뭇하고 보람을 느껴요. 종가포럼에 가면 따뜻하게 대 해 주시고 정말로 좋아.

어느 종가이든 간에 늘 많은 사람을 상대할 수밖에 없는 대 부분의 종손은 상대에 대한 자기표현에 인색한 편이다. 특히 가 까이에서 고생하는 종부에 대해서는 더욱더 그렇다. 큰 종가에 시집와서 종부의 본분과 역할을 충실히 해 나가는 모습에 종손도 고마움을 느끼고 있고, 그런 종손의 표현에 종부는 보람을 느끼고 있다.

　운명이라 느끼고 매사 긍정적인 해월가의 종부 이정숙의 삶에 그를 사랑으로 맞아 늘 인정해 주었던 시모 이차야, 표현은 서툴지만 항상 고맙게 생각해 주는 남편 황의석, 그리고 종부라고 대접해 주는 세상 사람들이 있었기에, 그녀는 인터뷰 내내 종부로서의 자신의 삶을 "내 운명인가 봐"라고 자주 되새기곤 했다.

## 참고문헌

蔚珍文化院,『海月黃先生年譜』, 大耕出版社, 1999.
黃氏同源誌編纂委員會,『黃氏同源誌』, 夏雨企劃, 2001.


金東協,「黃中允 小說 研究」, 경북대대학원 박사학위논문, 1990.
김수영,「『天君記』研究」, 서울대대학원 박사학위논문, 2011.
신해진,「황중윤의 정치적 입장과 달천몽유록」,『국어국문학』118, 국어국
　　　문학회, 1997.